我，

无与伦比

李欢　童静　著

电子工业出版社·
Publishing House of Electronics Industry

北京·BEIJING

前言

每个人都无与伦比。

2017年1月，我正式接管《辣妈学院》，将这档生活轻综艺节目转型为优秀女性深度生活访谈类综艺节目。

开播4年来，我们陆续在节目中访谈了众多位优秀的女性，她们职业身份不同，无论是女企业家、女运动员、女艺人，还是普通平凡岗位上奋斗的女性，她们都活出了自我风采，展现着不同的女性魅力。

每一次节目中的深度访谈，都能让人有所想有所悟，于是我便有了将这些故事汇集成书的想法，以期让更多人有所思、有所行。

每个人都有自己的人生"高光"时刻，也都曾经历低谷。在跌宕起伏的人生中，书中的每一位女性都用智慧体悟掌舵着自己的选择与未来，在这起起落落中绽放出无与伦比的美丽。

李欢

目录

包 文 婧　　幸福女人的小智慧　　　　　　　　　10

程 莉 莎　　诗意与柔软的传统爱情观　　　　　28

陈 思 斯　　一个演员的突围　　　　　　　　　40

曹　　颖　　女人的幸福，是能自己定义爱和自由　50

范　　宇　　癌症——生命的礼物　　　　　　　62

黄　　龄　　我站在这里，就是与众不同　　　　76

寇乃馨

女人当自强　　　　　　　　　　　　　　88

李若彤

经典的过去，精彩的未来　　　　　　　102

庞时杰

美丽的外表比不上强大的心灵　　　　122

冉莹颖

站在拳王前面的女人　　　　　　　　132

佘诗曼

一个女演员的柔与韧，勇与强　　　　146

佟晨洁

超模的爱情不太冷　　　　　　　　　158

唐笑

我没红，也没什么可惜的　　　　　　166

唐幼馨

"瑜伽提斯"创始人的终极修行　　　　180

万 蒂 妮　　不走捷径的人生，反而收获更多　　188

王 诗 晴　　超模的背后　　200

杨 乐 乐　　幸福不是局部的极致，而是整体的平衡　　216

叶 　 璇　　畅快淋漓之叶璇　　230

杨 童 舒　　真我人生　　242

赵 津 羽　　"昆曲+"生活　　254

包 文 婧

幸福女人的小智慧

"每一个角色，每一段经历，都是为了成为更好的自己。能够做自己热爱的事真的很幸福，在这份热爱里，我不仅是包贝尔的妻子，包饺子的妈妈，我还是喜欢演戏想要演戏的包文婧。"

她从一无所有的青葱初恋，收获了恩爱美满的幸福婚姻。
她从几近崩溃的新手妈妈，成长为人人叹服的家政管理达人。
她从自信不足的小女人，蜕变成了光彩照人的女演员。

她是包贝尔的老婆，她是"包饺子"的妈妈，她是包文婧。

虽然她身上的标签很多，但身为艺人处于话题焦点的无奈与苦衷又有谁能知晓，尤其是那些初为人母时被放大的焦虑和崩溃，那些夫妻关系中无限狂热的崇拜带来的伤心和诋毁……这些外界的声音都给她带来了不少纷扰。

但是擅于整理和收纳的包文婧，最终整理好自己的情绪，平和地面对——"标签是别人贴上去的，刻意屏蔽外界的声音是暂时的，我觉得还是要有一颗平常心，最重要的是做真实的自己。"

在包文婧身上最打动人的恰好是这份真实。她几乎用一种毫不掩饰的狂热崇拜丈夫包贝尔，也几乎用一种毫不设防的心态面对生活，她的乐观、豁达，以及她的坚持和付出，有一种女性经典的美。

在今天这个"大女主"时代，关于全职太太和职场女性的话题争论始终夺人眼球，时不时引发不同观点之间的对立，或者偏激地制造某些"眼球"效应。无论媒体如何制造和渲染话题，"小女人"包文婧始终坚守着对家庭的那份执著。在她身上恰好有这种冲突的融合点——她曾经为爱做出牺牲，也曾回归家庭，她在爱情和育儿中都吃过苦头、流过眼泪，有过焦虑

和迷茫，但她最终用自己的智慧证明了事业和家庭是可以平衡的，爱情和
婚姻是可以趋向完美的。

她的故事令人惊讶，也令人动容。她在爱情与婚姻中的小女人智慧相当实
用和有效，这也为她今天的幸福生活打下了坚实的基础。

《辣妈学院》请来了一路争议，一路成长，一路不改初衷的包文婧，她与
我们分享了她的小智慧——虽然不是"大女主"的剧本，但确实是幸福女
人的模样。

1. "炫夫狂魔"的背后，
是爱的艺术

包文婧非常喜欢赞美丈夫，即使面对镜头，她也从不吝惜对他的溢美之词。

喜剧演员包贝尔，在她眼中是"比金城武还帅"的超级大帅哥，是非常有才华的实力派演员，是百分之百的好老公好爸爸。包文婧对包贝尔的感情，完美地诠释了"情人眼里出西施"这句话。

他们俩是北京电影学院的同班同学，入学不久就确立了恋爱关系，不像那些毕业就分手的校园恋情，他们一直不离不弃走到了今天，成为了很多人艳羡的爱情楷模。谈起自己主动追求包贝尔这件事，包文婧更是一脸认真地说——"因为他帅气又有才啊！"

被粉丝们戏谑为"炫夫狂魔"的包文婧，其实非常懂得赞美的力量。

在他们俩共同参加的综艺节目《妻子的浪漫旅行》中，别人的妻子都在埋怨老公行李收拾得不尽如人意，只好亲自动手。但是包文婧就坐在床边，笑盈盈地看着包贝尔帮她收拾行李——"老公真能干""老公搭配的衣服就是好看"，包贝尔被她夸得越干越开心，两个人居然为观众贡献了一个温馨和谐的恩爱场面。

"你越是夸他，他就越会努力做到更好；你夸得越多，他就会做得越多。"包文婧这样解释自己的"炫夫"行为——"其实我是个非常善于感知他人情绪的人，也很善于发掘和肯定他人的优点。"

跟这样的人在一起肯定很开心吧，谁不喜欢被赞美和肯定呢！在东方文化环境中成长，国人表达爱的方式非常含蓄，信奉的是深沉的爱，批判型的感情，甚至还把赞美调侃成"彩虹屁"。殊不知在婚姻中，经常热烈地表达对对方的爱意，才是持久保鲜的爱情秘籍。

包贝尔自己也在某节目中很感慨，"我也知道自己几斤几两，知道自己长啥样。她不顾别人异样的眼神使劲儿夸我帅，有时也让我有点儿小尴尬，但更多时候我会偷着乐，然后更加努力表现，以期望得到她更多的夸赞！"

这个在妻子嘴里"才华横溢，一定会成功"的男人，从龙套跑起，常演小角色，如今成名，一路上除了认真和努力，天性中的幽默机智更是展现了高智商高情商，并且深受观众喜爱。

这条成长之路，有包文婧不离不弃的陪伴，也有她对包贝尔真诚的赞美和期待。包贝尔说，"如果你的伴侣每天都说你长的难看、做的饭难吃、事业没发展，你还会有干劲儿吗？如果连身边的爱人都看不起你，你恐怕就会自暴自弃吧！"

在爱人的激励下，包贝尔的事业发展得越来越好，不但在表演领域获得不

少认可，还尝试在导演、综艺、商业等领域跨界发展。

然而，世间有多少夫妻，在漫长而琐碎的婚姻关系里，最终变成了彼此挑剔，互相打击的对手，把家庭变成了竞技场，把爱人当成了出气筒。从包文婧的小女人智慧中，我们看到了互相欣赏、互相赞美的婚姻关系，这样才能永葆爱情的活力。

2. 一往无前的执著，
要有识人的慧眼

包文婧和包贝尔的爱情故事中最令人动容的，是在综艺节目《妻子的浪漫旅行》中对过往的追忆。

节目中，包贝尔带包文婧回到了当初两人毕业时住过的出租屋，一推开门，包文婧便当场洒泪了。那是他们爱情中最艰苦的时光，刚毕业时两人都很穷，跟别人合租在没有暖气没有空调，只能放一张床的储藏室里。两人一住便是好多年，包文婧做家务，还要对付蟑螂，包贝尔进不了剧组，没有收入。为了维持两人的生活，包文婧一天打三份工，白天在健身房当教练，晚上去美容院打工，空隙时间还跑去地铁站发广告单。

回忆起过往，容易动情的包文婧又哭了，她一边回忆过去承受的艰难，一边开始在婚姻中有效"示弱"——"你看我多好，陪着你吃了那么多苦，你凭啥跟我吵架啊？""你跟我比'我爱你'，你差得太远了。"
……
这些话，看似埋怨，实则深情。

有一天，包贝尔突然问包文婧："如果现在我们突然没戏拍，没钱赚，让你再回到这种地方住，你还愿意吗？"包文婧想都没想，自然而然地说："该回来住还得回来住，以前都能住，现在也能住。"

这句话不但感动了包贝尔也感动了电视机前的观众，这样炽烈真诚的爱情，已经很少在现实中见到了。很多夫妻，相识于微时，曾一起患难，却无法共享繁华。

他们相识相恋于学生时代，却一直不离不弃携手走入婚姻，并一如既往相爱如初，着实令人唏嘘。

"多少人曾爱慕你年青时的容颜，可知谁愿承受岁月无情的变迁，多少人曾在你生命中来了又还，可知一生有你我都陪在你身边……"

因为父母离异而少年叛逆的包贝尔，其实始终记着包文婧的心甘情愿和无怨无悔。当他独自面对镜头时说了这样一句话："我也爱她，我还觉得她比别的女人都好，只是我不说而已。"

包文婧没有错付。

谈及此，包文婧说："爱一个人，绝对要先看他的人品和对你的感情。包贝尔是那种能为我花光口袋里最后一分钱的人，记得有一年北京有一场很漂亮的冰雪活动，他全身上下只剩下三百块钱了，但因为我喜欢看，他就非要带我去。当时虽然很穷，但是他每赚到一点钱，都会给我买礼物，在生活中也处处包容我，关心我，哄我开心。选男人不应该看他有多少钱，而要看他愿意给你花多少钱。当时我就觉得这个男人我认定了，即使吃苦也没什么，我愿意。"

此后经年，包文婧给予了包贝尔极大的安全感，她始终让包贝尔明白，这辈子繁华也好落寞也罢，她对他除了爱情，没有任何他求。

在情海浮沉、人世漂泊的我们都知道，人性禁不起考验，人心禁不起试探，两性关系中，能找到一个真心真意爱你的人，是多么幸运的事情啊！

爱是什么呢？

爱是天气寒冷时，包贝尔发现妻子早已准备好了保暖衣裤时的感动。

爱是包文婧每天睁开眼睛，看到包贝尔和女儿包饺子时满足的笑脸。

爱是"你说的话，我都喜欢听！"

3. 健康的家庭，

不应有角色的缺失

包文婧是公认的家务好手，早前在综艺节目《我家那闺女》中，包文婧就展示了在整理收纳方面的高超技巧。

她来到好友袁姗姗家，帮她进行衣物收纳，衣服按颜色从浅到深整齐摆放，袜子也都卷起来，按颜色、厚度等依次归纳，不一会儿就把杂乱无章的衣橱整理得焕然一新。看过节目的网友们纷纷点赞，喊话让包文婧开一家家政公司，并录制收纳整理视频与大家分享。

擅长做家务，也爱做家务的包文婧，并不是对家里的事务全部大包大揽，相反，她一定会分出一部分家庭事务给包贝尔。"一个家庭里，每个人都应该承担一定的责任和义务，不是说谁在外面赚了钱就可以在家做甩手掌柜。要经营一个温馨的家庭需要夫妻双方共同努力。"

她承包了所有与包贝尔有关的家务，选购牙膏袜子，护肤美容，服装搭配，里里外外全部由包文婧打点，不但增进了夫妻感情，还让丈夫对她产生了极大的心理依懒。而分配给包贝尔的工作则是制订全家每年的旅游计划，每年必须有固定的时间陪伴与接送孩子。擅长做饭的包贝尔还经常在家下厨，包文婧只负责在旁边夸他，家务事虽琐碎，却充满乐趣。

幸福的家庭也给孩子带来了极大的安全感，包文婧时常会惊诧于女儿的懂事和乖巧，她曾跟女儿包饺子一起参加综艺节目《妈妈是超人》，包饺子就以丰富的面部表情、活泼可爱的性格收获了一大批粉丝。

而在最近，包饺子又出现在综艺节目《做家务的男人》中，明明只是到干妈杨子姗家玩了一天，却意外抢了当场所有嘉宾的风头，她幽默逗趣，既懂礼貌又会照顾人，看得出来父母在养育道路上付出的陪伴和沟通、包容和耐心。

这些幸福的小细节，都蕴含了包文婧的女性智慧，是爱与智慧共同守护着这个家。

4. 幸福的婚姻生活，
需要夫妻齐头并进

家庭生活曾一度让包文婧感到很幸福，但有时也让她有一种说不清道不明的失落感。丈夫的事业蒸蒸日上，她则围着孩子忙得团团转，随着女儿逐渐长大，包文婧有时也会想起自己曾经的梦想。

毕业于北京电影学院的包文婧，从爱情喜剧片《女人不坏》正式踏入演艺圈。她在古装奇幻电影《画壁》、古装武侠剧《笑傲江湖》、青春校园电影《左耳》等作品中都有过惊鸿一瞥的表演。

没有代表作傍身的包文婧笑言自己只能算是个表演爱好者。但是在 2019 年，在一档被誉为"导演选角真人秀"的综艺节目《演员请就位》中，这位"表演爱好者"凭借电影《天下无贼》中王丽吃烤鸭的片段演绎惊艳了全场。

谁都没想到，包文婧原来是个这么好的演员。

电影中刘若英的表演珠玉在前，后者实在难以突破，何况节目现场还要求表演者即兴创作一分钟，全场都由演员自我发挥，压力不可谓不大。为了寻求突破，并保持情绪饱满，包文婧没有彩排，拍摄当天一气呵成完成了对这个角色的演绎，她对情绪的掌控、细节的把握，以及独特的表演风格深深打动了节目导师和观众。连陈凯歌导演都夸赞她是舞台上"有技巧的演员，有灵性，懂得如何去控制自己的情感"。

这场表演让包文婧撕掉了"综艺咖"的标签，让大家重新认识了身为演员的她。包贝尔也激动地在微博上连连夸赞妻子，为她而自豪。包文婧也体会到了靠近梦想的喜悦，她写下了很多感悟，表达了对深层次自我发掘的喜悦之情——"作为一个从没演过女主角，只是以包贝尔老婆，包饺子妈妈被大众熟识的女演员，第一次被观众认可演技，我非常感恩，我想永葆这份热爱、这份真实，在艺术的道路上坚持走下去……"

在她内心深处，更想给女儿树立一个正面的榜样，希望女儿也能看到她的努力和进步，长大后能做一名独立女性，展示自我风采。

处在事业逐步上升阶段的她，同样面对着各种压力和担忧，但是丈夫对她的帮助和鼓励，成为了她的动力。近年来，包文婧参演了不少话剧、电影和综艺节目，包贝尔还会帮她分析角色，研究她表演上的缺憾和优点，帮助她提高演技。

他们夫妻之间的话题不再仅仅围绕家庭和孩子，在专业方面的共同探讨，让包文婧感受到了一起进步一起成长的夫妻感情更牢固更亲密。

经历了生活历练的包文婧，现在终于找回了自信的自己，她说，"每一个角色，每一段经历，都是为了成为更好的自己。能够做自己热爱的事情真的是一

件很幸福的事，在这份热爱里，我不仅是包贝尔的妻子，包饺子的妈妈，
我还是一个喜欢演戏想要演戏的包文婧。"

程　莉　莎

诗意与柔软的传统
爱情观

她始终认为，人生的道路千千万，但是一次只能走一条，所以当她选择回归家庭时，她全身心地投入，把这件事情做到极致。而一旦有机会可以重返自己热爱的演艺事业，她同样全力以赴。

关于演员程莉莎的时代速写，铺天盖地都是她在各种综艺节目上讲述的她和同为演员的丈夫郭晓东之间的爱情故事。

在她的各种"金句"甚至是"雷语"频频出现的视频或截图片段中，程莉莎被定义成一个为爱主动出击、奋不顾身的"宠夫狂魔"。

然而真实的程莉莎到底是什么样的呢？让我们借着《辣妈学院》的直面采访走进她的世界。

1. "回村举行的婚礼，
是我心中最完美的婚礼"

城市女和"凤凰男"之间最大的"槽点"就是彼此成长背景悬殊造成的观念分歧，"跟着男方回乡过年"——此类话题一直是社交网络上的争议热点。2017 年，程莉莎曾经在微博上呼吁"爱他，就陪他回村里过年吧"。她撰写长文分享了回丈夫老家山东过年的经历，其中，被"特准"上桌吃饭一时间引发了网络热议。

此次做客《辣妈学院》，程莉莎谈起当年的热议，她回忆道，"农村的实际生活和我最初的想象完全不同，对于乡村生活和当地的风俗，我们缺乏全面的了解，所以网络上充斥着一些偏见。其实，我还在乡村举办了令我终身难忘的传统婚礼。"

丈夫郭晓东的老家在山东临沂的农村，当他提出想回老家办婚礼的时候，程莉莎内心其实有些崩溃，女孩子期盼的沙滩、篝火、浪漫婚礼，转眼就要换成乡村、舞狮子、跨火盆，这让天性爱浪漫的程莉莎心中有了抵触和抗拒。但当她了解孝顺的郭晓东希望满足母亲的心愿，也想给去世的父亲一个交代时，那颗心便柔软了下来。

最终，两个人的婚礼在农村办了流水席，村民们只要象征性地包一个十元的红包贺礼便都可以来吃。村里出了个大明星已经是轰动的新闻，大明星又娶回了一个漂亮的女明星，这对乡亲们来说不啻于《乡村爱情故事》的升级现实版，能有多新奇就有多新奇，能有多好看就有多好看，于是，一时间十里八乡能来的乡亲都来了，婚礼比过年赶庙会还热闹。

传统的乡村婚礼传递的是乡民们质朴的感情，踩高跷、划龙船，长长的迎亲车队……程莉莎从车顶探出头来，好奇地往外一瞧，大家都呼喊着她的名字，她激动地一挥手，迎接她的是乡亲们热情的振臂欢呼……那一刻，她觉得自己像女王一样受人爱戴享尽尊荣。她被乡亲们朴素而热烈的感情感动得泪盈于睫，更令她动容的是丈夫郭晓东的那种满足感和幸福感，念结婚誓词时，他真情流露几度哽咽，她深情地凝视着他，幸福得有些眩晕，以至于都没听清他说了什么，但是她知道，这一生大概没有比此刻更充满仪式感更庄重了。

她为自己没有坚持选择浪漫奢华的仪式而感到庆幸，那些沙滩和篝火对丈夫而言只是一种表演，远不比此刻来得真实。爱情或许有些浪漫和虚构的成分，但是婚姻更重要的是理解和脚踏实地。程莉莎在那一刻顿悟了婚姻的真谛。

婚礼对每个女人来说都有一种双重意义，既有爱情终将圆满的仪式感，又有女性追求浪漫梦想的实现——一生中至少有一天，一定要做一个集万千宠爱于一身的傲娇公主。但是归根到底，婚礼不是一定要去浪漫海岛，也不是一定要豪华得令人艳羡瞩目。婚礼只是新人彼此间相互的真心交换，纵使形式多样，始终主题不变。

现如今，很多年轻人抱怨结不起婚，也有女性大力抨击"裸婚"是某种意义上的骗婚，还有情侣因婚礼的各种费用开支而交恶，婚礼有时竟演变成了令双方身心俱疲的表演……看着程莉莎回忆起这场乡村婚礼时的幸福面容，会让我们反思婚礼的意义到底是什么。

婚礼不应该只是婚姻这本琐碎平淡的纪实文学那华美的封面，而应该是真挚诚恳、令双方充满希冀的开篇宣言。现如今，城乡间的误解日益深化，凤凰男、旧风俗几乎都被恶名化，多少城市姑娘避之不及，而程莉莎真情流露的感动，让我们深感人与人之间隔阂的高墙和地域之间的狭隘，其实更多的是来自于我们自身的傲慢和偏见。

2."最好的夫妻关系，
是能够在一起好好睡觉"

曾因"愿意永远在家等待丈夫回来""爱男人就是要宠到他不能自理"等
观点被网友批评"地位低下"的程莉莎，在此次《辣妈学院》的专访中，
鲜见地跟我们分享了他们夫妻之间的"床事"。

身为演员，郭晓东会经常性失眠，从而导致体力透支，压力倍增。多少
来，只要丈夫一句"我睡不着"，她便会不远千山万水飞去陪他，让他能
在她的陪伴下好好休息。现在，离开了程莉莎，郭晓东连睡眠都成了问题。
程莉莎坦言，"只有爱是不够的，要把婚姻经营得更美满，还需把自己变
成对方最肯去依赖的人。我们可以跟很多人吃饭，但是我们只能跟最爱的
人睡觉，如果不跟你一起睡，他就会失眠，这就是我的婚姻信条！"

同时她也强调，每个人都是不一样的，每段婚姻也是无法复制的。程莉莎
还动情地告诉我们，结婚 13 年来，两人分离的日子里每天早上丈夫都会发
信息给她，每天打出的第一个电话也一定是打给她的。这就是被定义为直
男的郭晓东面对爱情的仪式感，他的时间都与她分享，他用心地用自己的
方式爱着她。程莉莎说，"我真的非常感动，男人有时候说我养你这句话，
真的不是随便说说的，只有他认真去践行时，我才敢于放弃手上的工作，
把他当做我最重要的人，全心全意为他付出。"那些传说中的"地位低下"

原来是真心换真心的爱情啊！

婚姻中，女性是以含蓄、追求安全感的形象出现，还是要大胆追爱，为爱
痴狂？我想，自信和底气应是始终的出发点。所谓付出，都是甘心情愿的
自我成全。也许每个为爱痴狂的女人，背后都有一个值得深爱的男人。每
一段美满幸福的婚姻，背后都是肝胆相照的义气和投桃报李的情怀。

3. "接受自己的平凡，
才是女性真正的成长"

婚后的程莉莎曾一度充满焦虑——身为演员的郭晓东，他的生活几乎被经纪人、助理、工作人员给外包出去了。作为妻子，程莉莎感到自己被边缘化，即使她已成为他身边不可或缺的一种"习惯"。然而当面对真实的自我时，回归家庭后的她社交圈子变窄，而影视圈新人层出不穷，自己的演艺事业几乎中断……即使家庭生活很幸福，她依然坦言自己陷入焦虑中无法自拔，曾一度抑郁。

最终陪她走出人生困境的，是自己在生活中领悟的人生哲学——接受自己是一个平凡的人。很难想象，这是一个曾在聚光灯下的女明星自我找寻的出口。不去跟他人比较，只做好自己，不自诩成功的荣耀，也不低头于生活的平庸，最终我们都能看淡得失从容应对，这才是真正的女性成长之路。

4. "生活不应只有柴米油盐茶，
真的需要诗酒花"

被某些自媒体断章取义地描述成"迷失自我"的程莉莎，其实除了是演员郭晓东的妻子外，她还是北京人艺的台柱子，优秀的话剧女演员。《风雪夜归人》里的四姨太玉春，《日出》里的交际花陈白露，《玩家》里贤惠的马小云……话剧舞台上的她呈现出自己的另一面，那便是职业演员的闪光与魅力。

事业家庭不可兼顾？不，只是根据时间和情形而变化，重心不同而已——程莉莎如是说。她始终认为，人生的道路千千万，但是一次只能走一条，所以当她选择回归家庭时，她全身心地投入，把这件事情做到极致。而一旦有机会可以重返自己热爱的演艺事业时，她同样全力以赴。

说到婚后的生活，她认为一定要浪漫和诗意，不能被柴米油盐的烟火气完全熏染，一定要有超出生活的诗酒花来平衡和完善。她甚至自爆一个小爱好——在厨房读诗。无论是《唐诗三百首》还是《勃朗宁夫人十四行诗》，在煮粥做饭的间隙，她都会利用碎片时间来滋养自己的心灵。

在那些发黄的诗集中，程莉莎看到了最鲜艳的文字，透过星月的光芒参悟了爱情的闪耀———"古人交付一朵海棠花，就是交付自己的一生，去看星星，就是谈一场长足的恋爱，百转千回的婉转中自有诗意和美"。"当我流连在这种意境中，我也非常想要'从前慢，一生只够爱一个人'的爱情。"

这也就是为什么被郭晓冬拒绝几十次，依然能坚持追求下去的程莉莎。在她看来，爱，从来就是一件百转千回的事。问起她最爱的诗歌，她笑着念出"山无棱，天地合，乃敢与君绝。"在这个爱经常被考验的时代，乍听到这样的心声，着实令人震惊和感动。

即使物质生活极大丰富，精神世界却彼此疏离和麻木，人们被各种压力和快节奏逼迫着前行，只能透过手机的一方屏幕看一眼诗和远方。身为女明星，也有着同样的烦恼和焦虑，甚至因为离名利场更近而压力更甚。但是不一样的程莉莎，用智慧与诗意连接，用诗意解读生活，将一切都放慢下来，让生活回归本身。没有这点小小的诗意，成就不了美满的幸福，也无法令她在繁杂的喧嚣中坚守心灵的平静。

在《辣妈学院》的深度畅聊中，她彻底地被还原。撕掉断章取义的标签，抛开偏激强加的符号，一个全新的程莉莎展现在我们面前。而她也用诗意与柔软呈现了一份极具中国特色的婚恋指南。作为影视圈的模范夫妻，不管外界如何评判他们男主外女主内的婚姻模式，他们的甜蜜和恩爱一直羡煞旁人，而这份感情的主导者和经营者，正是背后的妻子程莉莎。

在旁人质疑她为爱情付出太多的时候，她则正面直言——我不谈女权，也不做女奴，在我和郭晓冬的爱情里，我愿意做那个永远在家等他的女人。

陈　思　斯

—————————

一个演员的突围

"做一个女演员，是可以像日本老戏骨树木希林那样演到老的。或许等我老了我也能接到像《小偷家族》那样的剧本，或者，能再演绎一个深入人心得到观众认可的角色，哪怕像容嬷嬷那样也挺好啊！"

《甄嬛传》是部"神奇"的电视剧，不同于其他电视剧只走红一两个主角，这部"宫斗剧"仿佛是个造星工厂，一夜之间，众位小主妃嫔都成了观众茶余饭后热议的对象。

剧中的曹贵人阴狠毒辣，妙计连环，虽然是配角，但一出场总是将宫斗推向高潮。这个令人印象深刻的角色的扮演者，正是 80 后演员陈思斯。童星出道的她，其实早已是位资深演员了，出道迄今大大小小参演过三十多部影视作品，直到在《甄嬛传》中饰演曹贵人一角，她在影视圈才算有了代表作。

去采访她的路上，想到曹贵人的阴狠还稍微有点紧张，没想到见面时，陈思斯跟荧屏上的曹贵人简直大相径庭。她的脸型非常小巧，五官很灵动，穿着一件白色 T 恤，一条红色短裙，扎着高马尾，整个人感觉年龄比曹贵人小了好多，一副青春洋溢朝气蓬勃的样子。

说起为什么演曹贵人那么显老，她笑着说，"因为是进宫已久的老人儿，辈份比小主高，所以我的妆都是往年老了化。而且曹贵人不得宠，就没有为她设计明艳的妆容，因此其他妃子的扮相都是千娇百媚，只有我的扮相特别老成。"顿了顿，她又说，"其实演员在剧中的形象完全是为角色服务的，对一个演员而言，有没有展示个人的美貌并不重要，重要的是造型是否更贴合这个人物。开机之前，导演看我性格太活泼，还特意过来叮嘱我，'你演的曹贵人跟你实际年龄相差比较大，你要时刻注意贴近角色，不可太放松了'。所以整场戏下来，我一刻都不敢松懈，一直提醒自己要收敛表情，注意体态。"

陈思斯讲起话来语速很快，即使说起做演员的现状，难以获得机遇的苦楚，也表现得幽默生动，并无在演艺事业上的不甘和哀怨。她说："演员这个行业竞争激烈，普通演员更是难以得到心仪的角色，所以更要努力把握每一次机会，当幸运降临时，才不会跟它擦肩而过。"

幸运其实很早就降临在她身上了——1993 年，年仅 10 岁的陈思斯就参演了第一部电视剧《蓝色的向往》；随后作为童星参演的另一部儿童剧《嘿，小海军》还获得了第 5 届精神文明建设"五个一工程奖"。

正如她日后笑谈的那样"出道即巅峰，都是女一号"！

这份幸运一直延续到她 2002 年顺利地考入中央戏剧学院，并且在大三时就有机会参演了根据张小娴小说改编的剧集《如果月亮有眼睛》。众星云集之下，陈思斯的灵气也没有被埋没。大学刚毕业的她，就接到了央视的邀请，参演了开年巨制《戈壁母亲》，这部在新疆拍摄的反映第一代军垦人的故事的电视剧，获得了第 11 届精神文明建设"五个一工程奖"，第 27 届电视剧飞天奖"最佳长篇电视剧一等奖"。

作为演员正式出道的第一部作品，陈思斯的起点还是很不错的，然而之后的演艺生涯却不似之前那样顺遂。陈思斯没有经纪人，也没有团队，工作要自己去找，剧本要自己去接，剧组要自己去拜访，她笑言，"那时我才知道做演员还要去'扫楼'"。

幽默的背后全是辛酸，所谓"扫楼"不过是像推销员一样，带着简历去剧组所在的宾馆，一层层地爬楼，敲开一扇扇房门，递上精心制作的简历，带着万分的期待去等待机遇降临——哪怕只是配角，哪怕只有几句台词。

扫楼再辛苦，也比不上心理落差带来的煎熬，陈思斯一度有些灰心，难免有怀疑自我的时候，但是想想过去抓住的那些机会，成功塑造的那些角色，天性乐观的她又打起精神鼓起勇气再度出发。

说起来曹贵人这个角色也得益于她乐观的天性和不放弃的精神。陈思斯是《甄嬛传》原著的书迷，自从看了流潋紫笔下的原著之后，她爱不释手，忍不住想"这本书要是有机会拍成电视剧，我能在里面演个角色就好了"。没想到，很快她便听说了《甄嬛传》要成立剧组的消息，陈思斯便鼓起勇气跑去剧组寻找机会。到了现场，她才发现很多演员都是有备而来的，不少人准备了要争取的角色的定妆照和自己表演作品的视频，只有她仅仅带着一张 A4 纸大小的个人简历和一腔热忱。

对导演组的提问，陈思斯表现得也很茫然，当时她只想争取一个角色，并没有刻意去思考到底应该争取哪一个。这样一来，她当时的表现并不算突出，也没有给导演组留下深刻的印象，甚至连强烈想参演的意愿都没有表达出来，陈思斯内心不免有些懊恼。而那些已经有了角色意向的演员，都拿到了一两个试戏的机会，在试戏的过程中，需要其他演员来"搭戏"配合，本来不太习惯积极主动争取机会的陈思斯，为了能进组，便主动去帮别人试戏。

一来二去，她试了这个角色又试那个角色，莫名其妙就成了一个专门为别人搭戏的演员。凭着对这部小说的熟悉和了解，以及超强的速记天赋，陈思斯很快就能熟悉自己的台本脱稿上场，上至太后，下至皇后、妃嫔、宫女甚至太监，陈思斯都演得像模像样。以至于后来接到曹贵人这个角色时，陈思斯一度以为是自己当初试戏时，导演看在她没有功劳也有苦劳的份上，才给了她这个角色。

直到《甄嬛传》大获成功，迅速引起收视狂潮和大众热议时，导演郑晓龙接受北京卫视的一个专访，节目组找到陈思斯，希望她也来配合录制这期节目。陈思斯接到电话时很惊奇，"我只是剧中一个小配角，怎么会找我？"没想到节目组说，你是郑晓龙导演钦点的，我们希望他推荐两个印象最深刻的演员来现场，他就提到了你。

那一刻，陈思斯才明白，自己在现场试戏的实力给导演留下了极其深刻的印象，导演觉得她那种临场迅速切换的灵活，跟曹贵人这种八面玲珑的角色不谋而合。原来她是凭自己的实力获得了这个角色，也获得了导演对她演技的肯定。

其实，陈思斯一度对演绎曹贵人这个角色没有信心。毕竟曹贵人不是一个普通的配角，她在《甄嬛传》的前半部剧情中占有极其重要的位置，每次曹贵人出场，就会挑动一次暗流涌动的冲突，她的台词大有深意，推动了剧情的发展。这样一个风云诡谲、阴险狡诈的角色，陈思斯怀疑自己是否能够驾驭。

有网友评论原著中的曹贵人是个"厚黑学十级学者"，而陈思斯个性单纯活泼，毫无心机，还有点大大咧咧的男孩气质，跟曹贵人这个角色反差如此之大，她内心很是忐忑。再加上开机前几天，原著作者流潋紫来现场看演员定妆，当她看到"华妃"时，她满心喜悦地说——华妃，正是我想要的艳丽逼人。看到"眉庄"时也赞不绝口——眉庄，正是我想要的端庄娴雅。可当她看到"曹贵人"时，却有点犹疑地说——曹贵人好像跟我想象的不一样啊!

作为书迷的陈思斯听到这话当时心里凉透了，作为第一创作人，作者的意见至关重要，陈思斯心里沉甸甸的。开拍之初，她倍感压力，那种战战兢兢、如履薄冰的精神状态，跟剧中的曹贵人竟然有点相似。

开拍后，信心不足的她经常征询导演的意见，看看有没有需要改进的地方，不苟言笑的郑晓龙导演总是轻描淡写地说："嗯，还行，不错"。能从惜字如金的郑导嘴里得到这些淡然的肯定，陈思斯当时觉得心里特别暖，慢慢地，她越演越自信，越演越贴近角色本身。

渐入佳境的演技让她演活了曹贵人，愣是把一个出身没有背景，只能仰人鼻息才能自保的后宫妃子的可怜可恨可悲，演绎得入木三分。以至于在看片会上，最初对陈思斯扮演的曹贵人还有点犹疑的流潋紫都赞不绝口地说，"曹贵人真是演得不错!"

"塑造一个完全不同于本我的角色，是我从未有过的挑战，虽然在剧中也

留下了遗憾和不足，但是这次机会锻炼了我，给了我不少启迪，毕竟机会
只有一次，一定要全力以赴严阵以待。"

演技是演员的生存基础，每一部作品都要靠实力说话。为了塑造角色，演
员除了在精神上承受压力，肉体上也要受尽苦楚，对于曾经吃过的苦头，
陈思斯从不抱怨。

《甄嬛传》中有一场华妃拿扇子怒打曹贵人的戏，因为需要打掉曹贵人的
一缕头发来表现华妃的跋扈和曹贵人的卑微。为了拍好这个镜头，扇子一
遍又一遍地扔了过来，一次次地打在陈思斯额头，有几次打在了颧骨，甚
至打到了眼睛。直到那一缕头发最终自然地飘落下来，才算拍摄到了完美
的镜头。后来，陈思斯才发现自己跪得太久膝盖都淤青了，额头也被打肿了。

她回忆起当年拍《雪域天路》的情形，那时她刚出道，雪山之上，她要克
服高原反应，还要忍耐冰冷的湖水将全身浇透的痛苦。"做一个演员是要
有信仰的"陈思斯说，"做一个演员更要耐得住寂寞，守得了坚持。"

对遇到的每一个角色，她都心怀感恩，认真揣摩，传神演绎。她说，"演
员在任何时候都必须全力以赴，如果不能给观众留下深刻的印象，很可能
就要在屏幕上销声匿迹"。

随着《甄嬛传》的热播，陈思斯的演技也有目共睹，很快不少片约都找上门来。
随后，她在古装片《武媚娘传奇》中饰演杨青玄掌史，这位女官高贵优雅，
青春靓丽，不一样的她令人耳目一新。她和朱亚文、边潇潇共同主演的家

庭伦理剧《正阳门下》，陈思斯饰演的市井女孟小杏一角，是个大大咧咧、敢爱敢恨的农村姑娘，深受观众喜爱与认可。她还参演了《我和妈妈走长征》《亲密搭档》《黄大妮》，以及《我的老爸是卧底》等不同题材的影视剧。

多年的历练让陈思斯的演技越来越纯熟，戏路也越来越宽广，不同性格的角色也在她的诠释下鲜活而有质感。她热爱演戏，她没有在脸上做任何有损表演的美容术，确保自己每一块肌肉都是灵活的，都能够准确地为角色服务。

做一名演员需要保持清醒的头脑，还需要正视自己的年龄。陈思斯坦然地接受岁月的馈赠，她坚持运动，尽可能地保持年轻的身体状态，她还坚持学习，注重提升自己的专业水平和知识内涵。

她乐观地说："做一个女演员，是可以像日本老戏骨树木希林那样演到老的。或许等我老了也能接到《小偷家族》那样的剧本，或者，能再演绎一个深入人心得到观众认可的角色，哪怕像容嬷嬷那样也挺好啊！"

陈思斯乐观幽默的个性真是分外惹人喜欢。如今出现在很多综艺节目中的她，机智幽默，笑料十足，让观众直呼"曹贵人怎么这么有趣""你怎么是这样的曹贵人啊！"

她笑着说，"听说好演员的春天要来了，我也希望能赶上那趟开往春天的地铁。"

曹　　颖

女人的幸福，是能自己定义爱和自由

从央视跳槽的新闻人物、主持界的话题女王、演艺界的当红明星、歌唱界冉冉升起的新星……众多光环加身，耀眼夺目。敢作敢为一心向上的曹颖，突然中年转向，很多人都不太理解，但是她却说，"很多事情我不会去做预设，也不会瞻前顾后，想做就做，做了便也不后悔。"

2020 年初，一部现实主义题材电影《妈妈，我想你》低调上映了，主演曹颖引起了观众们的热议——曹颖复出了？粉丝们奔走相告。

被这个问题困扰多年的曹颖，只好出来说明——"总有人问我是不是要复出，其实我从来都没有退出演艺圈。生了孩子后确实深感家庭更重要，想花更多时间陪孩子。但现在他已经上小学了，我仍旧深爱表演，所以有合适的角色还是想继续创作。"短短几句话便交代了她在家庭和工作间的重心切换，她依然还是当年的曹颖，就像她在社交网络上写道的——人会老去，但心不会改变。

也难怪粉丝们对曹颖生子后淡出荧屏感到失落，毕竟当年她是多少人心目中的女神。作为一个连续三年主持春晚的知名主持人，一个在众多热门剧中扮演女一号的女明星，曹颖的粉丝受众之多，在当时堪称现象级。这样一个声名远播，受人喜爱的艺人，在巅峰时期选择减产淡出，甘心回归家庭。曹颖，用她的智慧和真诚告诉我们，一个独立女性要自由选择适合自己的生活方式，而不是用外界的标准来定义自己。

在别人为她巅峰时期淡出，再复出时却风光不再而遗憾时，她则表现得尤为坦然——我从没刻意去追求什么，一切只是遵循内心，才能自在又欢喜。

1. 巅峰时刻

曹颖是土生土长的北京人，学习过七年舞蹈，后来因为个子太高了，才遗憾地离开了心爱的舞台，之后她改学美容美发专业，并考取了化妆师资格证书。为了深入学习影视剧化妆技巧，曹颖进入剧组为演员化妆，没想到样貌出众的她，进组第一天就被一位选角导演看中，出演了剧中的一位少女格格。就这样，她懵懂地开始了演员之路。

而她的主持之路跟做演员一样也充满意外和偶然。1994年，20岁不到的曹颖去香港传讯电视（CTN）找在那里工作的朋友玩，正好赶上朋友录制节目时缺少一个现场主持人，导演看到在旁边等候的曹颖，"你来"一只麦克风便塞到了她手里。结果，没想到节目效果出乎意料地好，于是被幸运女神又助推了一把的曹颖，就这样与电视台签了一年的经纪合同，走上了主持与演员的星途。

进入娱乐圈说意外也好，说机遇也罢，就像冥冥中注定的命运之手，把曹颖推向了一个更宽阔的世界，让天赋异禀的她大放异彩，成为红极一时的多栖偶像。尤其是1999年至2001年连续三年主持春晚，让当时年仅20岁出头的曹颖声名远播，一时间工作机会接踵而来。彼时，央视最著名的三档综艺节目就是李咏主持的《幸运52》，王小丫主持的《开心辞典》，以及曹颖主持的《综艺大观》。

不过，最终还是因为难以割舍对表演的热爱，在央视工作了五年的她还是决定离开，回归她热爱的演员事业。这在当时也掀起了波澜，第一次有主持人为了表演事业离开主持舞台，记者想一探究竟的电话都打爆了。

离职一年多，某天正在外拍片的曹颖收到了湖南卫视递来的橄榄枝，她随即决定转战湖南卫视，担任《金鹰之星》节目主持人。之后，曹颖在湖南卫视主持了很多档超人气的节目，包括《智勇大冲关》《真情》《湖南春节联欢晚会》《元宵喜乐会》《勇往直前》等，她不但成了湖南卫视的"台柱子"之一，同时还在演戏、唱歌等领域大放异彩。2001 年，她更是凭借电视剧《大雪无痕》获得第 19 届中国电视金鹰奖"观众最喜爱的电视剧女演员奖"。同年，她主演的古装喜剧《乌龙闯情关》热播，一跃成为当年的收视冠军，号称"一代人的童年记忆"，曹颖也被观众封为"最美古装女神"。2004 年，她主演的职场电视剧《律政佳人》更是风靡一时，令观众印象至深。

从艺以来，曹颖参演了逾五十部影视作品，留下了许多经典之作，她主持的节目和晚会更是数不胜数，获得的奖项囊括最佳主持人、亚太地区全能歌手、最受欢迎女演员等。

一个全能型艺人在全盛时期绽放出了夺目的光芒，可就在人们以为她终将沿着星光大道走向更光辉的星途之际，曹颖却甘心选择了平凡且平静的道路。

2. 完美爱情

2009 年，曹颖结束了长达十四年的爱情长跑，与男友王斑低调结婚了。

王斑毕业于中央戏剧学院，毕业后以优异的成绩进入了北京人民艺术剧院。从这座艺术圣殿走出的演员个个不是实力派就是老戏骨，王斑的同班同学胡军、徐帆、江珊等人在影视圈风生水起时，王斑依然坚守在话剧舞台。

每每被外界比较二人的知名度较悬殊时，曹颖总是公开力挺王斑——家里总得有个人踏踏实实搞艺术吧！言语之间也颇有几分自豪。一直深耕于话剧舞台的王斑，也不负妻子的这份心意，他一直专注于话剧表演，不但获得过话剧界的"金狮奖"，还一举拿下中国戏剧最高荣誉"梅花奖"。

两人在结婚前，曹颖就对外宣称——第一，我自己的婚姻不会与大家分享，因为这是我的私人生活，希望大家理解并祝福我们。第二，我和王斑合作过很多部作品，在电视剧中也结过很多次婚，所以在现实中我们不需要任何形式，给我们俩一个假期，一起旅行就很知足了。

王斑和曹颖相识于微时，二人同为新人演员，参演了一部名为《空港塔台》的电视剧。在王斑的记忆里，清纯美丽的曹颖甩着一头乌黑的秀发，就是在楼道间偶遇的一个回眸，令他怦然心动。

暗恋中的王斑一直表现得很"高冷"，而活泼可爱的曹颖在剧组超级受人欢迎，尤其是男孩子。王斑暗暗着急，想了个借电话的招儿跟曹颖亲近，慢慢两人有了互动，曹颖才发现王斑不仅阳光帅气还很有才华。

到了中秋节，王斑约曹颖一起去剧组过节，在去剧组的出租车上，一种莫名的情愫在二人心里流淌……不多久，王斑大着胆子表白了，曹颖一时有点不知所措，犹犹豫豫地拒绝了。王斑一点也没灰心，连忙说，不着急，你可以慢慢来。

机缘巧合，两人后来又合作了两部作品，在历史剧《罗贯中》中，饰演罗贯中的王斑推荐曹颖饰演女主角，曹颖要从少女演到老妪，年龄角色跨度之大让当时只有 20 岁的曹颖压力倍增，一时间无法应对。科班出身且经验更丰富的王斑主动成了她的表演老师，每天给她讲戏，辅导台词，对第二天要演的剧目，头一天王斑要帮她全部过一遍，就这样曹颖在表演方面快速成长了起来。

这部戏演完后，曹颖得到了导演的高度赞扬。两人的感情也迅速升温，稳重踏实的王斑有着浪漫诗意的一面，他为她写诗，带她去坐双层巴士，时常送她鲜花……爱情的甜美和芬芳将曹颖围绕，令她沉醉。

娱乐圈的爱情有时候来得快去得也快，毕竟作为演员常常分别两地，又或者不得不跟戏中的恋人出演感情戏，难免假戏真做，引起情感纠纷。外界十分不看好他们俩这段恋情，甚至家人也质疑这段关系，王斑第一次去曹颖家，就被曹爸爸的多番盘问给激怒了，年轻气盛的他感到自己不被信任和尊重，一怒之下拂袖而去。

当他被夜晚的凉风吹醒头脑，深深为自己的莽撞后悔自责时，漆黑的巷子里追出来一个单薄的人影，紧紧地抱住了他……

多少年过去了，如今王斑早就赢得了岳父的谅解，且两人好成了一条心，但每每想起这件事还是百感交集，在那个瞬间，王斑就决定了——"这一生无论如何绝不放开曹颖的手"。

从相恋到结婚生子，再到陪伴孩子成长，一晃 25 年过去了，曹颖和王斑这一对佳偶依然是娱乐圈中情比金坚的爱情童话。如果有人因为明星的绯闻和离异而高呼再也不相信爱情了，不妨看看曹颖和王斑的故事吧。

3. 幸福生活

2011 年，曹颖生下了儿子小王子。初为人母的她沉浸在巨大的幸福中，她简直不想错过孩子成长的每一刻。

那时的曹颖还被事业的高峰推着走，产后迅速复出，各种工作紧锣密鼓地安排起来。有一天她正在外地拍戏，王斑突然跟她视频说儿子会叫妈妈了，稚嫩的儿子小王子对着镜头，口齿不清地连声呼喊——妈妈，妈妈……曹颖顿时泪如雨下，她当时想，我到底错过了什么，我还要再错过多少？

从那时起，曹颖开始以家庭为重心，就这样逐渐淡出了演艺圈，但是她一向是个有主心骨的姑娘，对自己要做什么清醒又自知。面对粉丝追问何时复出，她便在微博调侃——"一线八线无所谓嘛，现在当妈妈真的好忙好开心，以后等忙完孩子，再做人民观众的好黄牛。"

曹颖的儿子小王子长得特别帅气，还非常有教养，有礼貌，有爱心，在节目里"哥哥力"爆棚，对剧组中的小妹妹特别懂得关心与保护，超级"圈粉"，足以看出曹颖在养育上下的工夫，她笑言，"孩子是我最大的事业，比起做艺人，我现在更享受做母亲！"

从央视跳槽的新闻人物、主持界的话题女王、演艺界的当红明星、歌唱界冉冉升起的新星……众多光环加身，耀眼夺目。敢作敢为一心向上的曹颖，

我，
无与伦比

× 61 ×

曹　　颖

女人的幸福，
是能自己定义爱和自由

突然中年转向，很多人都不太理解，但是她却说，"很多事情我不会去做预设，也不会瞻前顾后，相反想做就做，做了便也不后悔。"

是啊，曹颖最大的魅力就是拿得起放得下。她从不贪恋名利场，也不在乎世俗的要求。她巨大的能量都来自于爱，她被爱亦能爱人，她的内心强大而柔软。

她不需要外界给予的安全和保障，不管是央视的铁饭碗，还是明星的红利，亦或名利巅峰上的光环。她从来都遵循内心，想做就做，并且有能力为自己的"任性"买单。

爱也许是女人的软肋，但也是女人的盔甲，一颗强大的心灵无需坚硬而冰冷，也可以柔软而温暖。

范　　　宇

癌症——生命的礼物

范宇说，除了生死，世间别无大事，不要等到面对疾病的那一天，等到面对生死抉择的时候再去醒悟自己想要什么，再去追悔那些辜负的日子。趁着还拥有健康的时候就要好好爱自己，把余生过成自己想要的样子……

1. 被疾病宣判

2014 年 10 月 25 日是范宇 43 岁的生日，这一天因北京天坛医院脑外科的一纸诊断报告而改变，由此成为了她人生中的一道分水岭。

报告上清清楚楚地写着——脑部长了两个鸡蛋大的肿瘤，右脑脑膜瘤（良性），左脑胶质瘤。胶质瘤就是俗称的脑癌，它临近运动和语言功能区，还包裹着一条动脉血管。医生非常严肃地告诉范宇，她的肿瘤位置非常危险，如果做手术的话风险会很大，一旦手术失败她将面临失语、偏瘫甚至死亡的后果。但如果选择保守治疗，她的生存期可能只有一年。

医生的宣判，给了范宇沉重的打击。在这张判决书一样的诊断报告之前，她一直过着顺风顺水的精英人生。1971 年生于乌鲁木齐的范宇，1989 年考入中国人民公安大学，毕业后成为了公务员，做了六年警察，后来她又顺利应聘到一家中央企业。工作上非常自律且有责任心的范宇，不到 40 岁就已经成为这家大公司的部门总监，后来作为公司副总经理负责全球最大的市内免税综合体"三亚海棠湾国际免税城"项目，还因此获得过"中央企业劳动模范"的称号。像范宇自己说的那样——过去的我，是典型的"别人家的好孩子"、父母的好女儿、孩子的好妈妈，在公司是好员工、好领导。

在这些光环之下的范宇，也是一位在儿子五岁时就离婚的单亲妈妈，辛苦抚育儿子 14 年。为了给孩子更好的生活，她忘我地工作，努力打拼，2014

年，儿子考上了美国一所知名艺术类高中，而她自己也攻读完了长江商学院 MBA 课程。

常年的高强度工作和高压力的生活，她的身体曾出现过一些小状况，但是范宇一直不以为然，直到负责的项目竣工后，她终于决定休息一段时间，命运就跟她开了这样一个天大的玩笑。已经习惯一个人扛下所有事情的范宇，终于崩溃了，她坐在车里放声痛哭——为什么是我？范宇同所有癌症病人一样，经历了从开始的疑问、恐惧、失落，到最后的彷徨和茫然，以及不得已去接受。

她开始选择保守治疗，并为生命期的最后一年写下了自己的遗愿清单。在开始书写时，范宇突然意识到，过去的 43 年，她都是为别人而活的——上大学之前，为父母而活；成家后，为家庭而活；有了孩子，又为了孩子而活；离异后挑起家庭的重担，她又把自己献给了工作……那张看似完美的履历上，那些结婚生子升职加薪的日子里，她活得真是太匆忙了，匆忙到忘了问自己——这一生，我到底最渴望怎样的生活！

带着这样的疑问，范宇写下了自己的遗愿清单。这张清单共有五项内容：画画，旅行，美食，运动，还有一个问号……

范宇从小就喜欢画画，但是因为忙于读书，走的是常规的教育路线，根本没机会去学习艺术，毕业后又被工作和家庭裹挟着奔跑，她一直把这个爱好深埋在心里。现在她终于可以重拾儿时的梦想，拿起心爱的画笔，跟着老师系统地学习绘画。绘画让范宇很快乐，很快她就画得有模有样了，绘画在某种方面对病人也有着很好的疗愈作用，像写日记一样，可以用它来剖白自我，疗愈创伤。

范宇展示了一张她学画之初的作品———一只巨大的蝴蝶。画面上色彩斑斓的蝴蝶张开了漂亮的翅膀，但是仔细一看，油彩下的翅膀斑驳陆离，几近破碎，但是蝴蝶依然顽强地活着，展示着生命的美丽。这只蝴蝶，就是刚刚生病后的范宇。活下去，美好地活下去，依然是她内心最强烈的愿望。

一直很喜欢烹饪的范宇，以前因为工作太忙碌，没有太多时间下厨。现在她重拾这份爱好，开始潜下心来钻研食谱。她在美食网站开设了个人空间，把自己做过的美食都记录下来。手抓饭、宫保鸡丁、炸酱面、乳酪面包，每道菜谱的描述她都写得十分详细——糖醋汁怎么调、面怎么发、酱熬到什么程度才算好……除了想与朋友们分享之外，她还有个小小的私心——将来万一有一天告别了这个世界，儿子和未来的儿媳妇照着这些菜谱来做菜，就会想起妈妈的味道。

"爆炒风味羊杂，这是一道新疆家乡菜，也是儿子的最爱之一""肉松香葱面包卷，记得儿子小时候最爱吃这款面包……""培根腊肠苹果比萨饼，儿子是肉食动物，小时候住校吃得清淡，周末带他出去吃饭时他最爱吃这个，可惜我工作太忙，没有时间也没有精力为他做，现在想起来总有一种遗憾……"范宇一边讲解菜谱一边感慨，看起来只是一位好妈妈的平常心，但是一想到这是她在生命倒计时的爱和回忆，忍不住心酸。

如果说画画和烹饪还符合一个病人去体验的话，那么背包旅行则遭到了所有人的反对。那时候范宇已经开始接受第一期化疗了，化疗后她的身体非常虚弱，经常发生剧烈的呕吐。但是身体稍有好转，范宇就对亲友宣布——我要到大自然中行走，要去背包旅行！这一次，没想到得到了儿子的支持和陪伴，最终她的几个好朋友也决定同他们母子一起自驾川藏线。

即使是常年运动的人，走川藏线时都容易发生高原反应，朋友们很担心范宇的身体，于是决定改去海拔 3000 米的林芝。一路上，范宇兴高采烈的，没有太多不适，即使在车坏了不得不徒步的过程中，她都以良好的状态走完了全程，将一路的美景尽收眼底。

这场说走就走的旅行，让范宇非常快乐，精神状态也变得更好了。

2014 年末，闺蜜晶晶陪范宇去看病，走过人潮涌动的街道，晶晶突然扭头问道，"范宇，你最想去哪里？我陪你。"想都没想，范宇脱口而出——南极。其实，这只是范宇随口而出的一个答案，多年来，虽然她一直很羡慕说走就走的背包客，但是身为一个职业女性，她的出行也不过是无暇分身的差旅生涯。如今，她更是身患重病，这种理想的生活大概永远只能是梦想了。

南极，就像范宇渴望拉长的生命线一样，不过是又一个"不可能"了，只是随口说了一个永远不可能到达的地方。但是范宇万万没想到，她当时想到的所有不可能，后来居然都实现了，甚至超出了预期。

2. 谈一场美好的恋爱

在范宇的遗愿清单里，最后那个问号，她一直没有填上。其实，那里应该写上——谈一场美好的恋爱。

恋爱这种事，对一个健康的人来说有时都是奢望，更何况她这样一个癌症患者。还能实现这个不可能的愿望吗？范宇心中的那个问号，沉甸甸的。

2016 年 4 月，范宇已经开始计划和筹备去南极了，但是她的病情让她无法提供健康证明，最后她不得不签下"生死状"，才让这条不可能实现的清单打上了一个对勾。她说，"如果真的在那么纯净的地方走完人生，过程也是美好的。"

5 月，应朋友之邀，范宇参加了一场美食活动，邻座是位帅气的男士，范宇认出这不是刚刚看过的东方卫视《顶级厨师》的亚军洪宏星吗？这位来自台北的美食达人，居然是一位星级主厨，不仅如此，他还是台湾地区职业泰拳冠军，一位运动健身达人。很巧的是，他也是一位单身父亲。爱好相同，价值观一致，婚姻状况相近的两个人，迅速地靠拢。但范宇身边的朋友们都觉得这场恋爱似乎不那么靠谱，毕竟洪宏星比范宇小九岁，而且因为他形象佳口才好，厨艺精湛，已经是在知名美食和综艺节目中赢得百万粉丝的"星厨"。

面对洪宏星猛烈的追求，渴望爱情的范宇想到了现实中难以逾越的差距，也有些退缩了。

2016 年 9 月的一天深夜，范宇接到洪宏星的电话："我来北京了。我不知道你为何拒绝我，我只知道生命短暂，相互爱慕的两个人不应该彼此错过。"范宇被他的真诚感动了，她最终决定要为自己真正活一次。

恋爱三个月了，这是范宇最幸福的一段时光。她感到自己和洪宏星的感情越来越深了，这个男人似乎就是她此生想要寻找的那个人。

12 月，那场渴望已久的南极之旅马上就要启动了，范宇经过长时间的思考，决定把自己的病情告诉洪宏星，好让他能在她去南极的这 20 多天里，对他们的感情做出选择。交谈的过程很漫长，有两个多小时，范宇一直试图让洪宏星明白，自己的病情有多么严重，今后的生活将会多么艰难……然而洪宏星淡定异常——这有什么？我的父亲也是癌症患者，一直以来我对生命的看法都是我不在乎生命到底有多长，我在乎的是它的精彩程度。

其实洪宏星早就察觉到了范宇的异样，她总是大把地掉头发，还会定期去医院做脑部检查。只是她不愿说，他也就不问。出发前一天，洪宏星帮范宇收拾行李，他那么细致地在行李箱中放入她爱吃的零食，标记好物品的位置，还写好了一张清单。他的体贴入微令她潸然泪下。

以前，范宇总是独自抗下所有的事，英姿飒爽地活出了大女人的风范，而此刻，拥有了爱情的她却变成了一个柔软脆弱的小女人。

到达南极后的范宇，身体开始出现一些不良反应，她晕船、呕吐、血压升高，备受病痛折磨。为了适应船上的生活，她每天去甲板跑步增强体质，以适应海上的生活。

在南极那片静谧幽深的神圣土地上，范宇看到了绵延的雪山、壮阔的冰川，还有无拘无束玩耍的企鹅，偶尔有海鸟从天空中飞过。此情此景，让范宇留下了眼泪，她对陪着她一起来的闺蜜晶晶说——人生太美好了，世界太美好了，活着太美好了。

从南极回来后的范宇，对人生，对生命有了新的认识。在那样纯净、幽远又广阔的安静世界里，范宇对生命产生了敬畏之感，第一次，她并不觉得自己的生命会比一只海鸟或者冰山一角更宝贵，因为在大自然里自己是那么渺小，这份渺小让她觉得自己的病也显得如此微不足道了。她觉得自己终于和癌症和解了。范宇说，"这也许是生命送给我的一个礼物，想要重新唤醒我。"

3. 呐喊精神

从南极回来后，范宇坚定了要和洪宏星共度余生的决心，他们在北京通州租下一处农家小院，按自己的心意过上了慢节奏的理想生活。

范宇说，当我重新看待癌症这件事，我觉得它让我更加懂得珍惜。因为时间短暂，所以只要想到了什么，我就会去做。在洪宏星的陪伴下，她不但做了许多癌症病人无法想象，甚至是健康人都觉得非常冒险的事。他们参加了高原垂直越野赛和新疆喀纳斯四项越野赛。2017 年底，两人共同参加了内蒙古卫视《越野英雄》户外真人秀节目的拍摄，在 12 月最寒冷的季节，零下 40 摄氏度的极寒条件下徒步穿越腾格里沙漠，驾车穿越巴丹吉林沙漠。

洪宏星还带范宇去考取了她人生中第一张潜水证，要知道此前的范宇连游泳都不会。除了深海潜水，范宇还尝试了高空跳伞，跟着洪宏星一起挑战了很多项户外赛事，并取得了辉煌的战绩：两届 ARWS 新疆阿勒泰世界探险越野赛商学院组团队赛第一名、第三名；美景里程四川叙永骑跑两项赛第一名；连续参加五站斯巴达障碍赛，并获 2018 年 5 月超级赛北京站年龄段组冠军。

范宇说，这些事情若放到五年前，我连想都不敢想，但超越了那些内心的界限以后，你会发现世界真的比想象中大得多。

不敢想象的还有在 2018 年的一次例行检查中，范宇的恶性肿瘤对比之前竟然缩小了 35%！范宇觉得是自己的自救，家人和朋友的鼓励，还有爱人的陪伴，让她实现了医学上的奇迹。她将自己的故事记录下来，发表在自媒体上，同更多的人分享自己的生活态度，将乐观与积极影响更多的人。

他们的故事在被媒体争相报道后，一时间追随者众多，很多癌症病人还专门找范宇咨询，她百忙之中还抽空在线回复病友和家属们的各种疑问。范宇专门建立了微信群，给他们做心理辅导，更多的还是一对一的单独聊天。很多癌症病人得病后很自卑，不愿意让别人知道自己得了病，更不愿意去接受治疗，在她的劝说下，一些人放下负担，调整心态，愿意科学地去接受治疗。范宇说，"我不是医生，我也没有药，但是我可以告诉他们我是怎么活过来的。"

随着粉丝越来越多，范宇和洪宏星创建了"呐呱"社群，他们分享健身、旅行、健康的生活方式。直到 2019 年，呐呱社群的粉丝已超过了百万。随着影响力的扩大，呐呱从线上转到了线下，这家京城极富特色的健身和美食兼有的运动生活体验馆，成为了很多运动和健身达人的"打卡地"。"呐呱"的藏语意思是"岩羊"，这种奔跑在悬崖峭壁间的顽强生灵，温和而凶猛，雌雄如影随形，就像范宇和洪宏星一样。

范宇说，岩羊生活在海拔 3000 米以上，那里没有丰富的水源也没有好的草原，有的更多的是天敌——鹰和狼。我觉得"呐呱"和我们很像，外表温和但其实有非常强的生命力。我们生活在都市丛林里，每天面对着生活、事业上的压力，需要有呐呱一样的精神。

生命走过山穷水尽，迎来了柳暗花明。2019 年 10 月 25 日这天，也是范宇同癌症相处的第五年，她回到长江商学院参加分享会，再一次讲述了这些年的心路历程。她说，"5 年前的今天，是我接到诊断报告的日子。生命何其珍贵，我要拼尽全力，去活成自己想要的样子。从得到帮助，到现在帮助更多的人、改变更多的人，我要把能量传递下去……"

2020 年，跟很多人经历的一样，新冠肺炎疫情给范宇的生活带来了重大的影响，北京呐喊线下场馆被迫关闭。2020 年 7 月，范宇大脑内的那个良性的脑膜瘤因为长大了，在医生的建议下她做了开颅手术。术后三个月去复查时，术后的脑膜瘤并没有让范宇太担心，而那个没有进行手术的胶质瘤"未见明显变化"，则让范宇感到了安心。

一晃六年过去了，范宇继续着她的爱与传奇。生命对她而言依然是紧迫的，未来还是非常的不确定。但是，其实不仅仅是范宇，我们每个人都不敢确定意外和未来哪一个会先到。

范宇说，除了生死，世间别无大事，不要等到面对疾病的那一天，等到面对生死抉择的时候再去醒悟自己想要什么，再去追悔那些辜负的日子。趁还拥有健康的时候就要好好爱自己，把余生过成自己想要的样子……

黄　　龄

我站在这里，就
是与众不同

在她放养式的成长过程中，黄龄始终像个快乐的小孩，享受
着成长的自由和新奇。她说，只有"野蛮生长"，才不怕白
活一场。她的野蛮生长其实是指真实地表达自己，无惧他人
眼光，只为了取悦自己而活。

2007 年，街头巷尾传唱着一首声线缥缈，唱腔慵懒的歌曲——

来啊，快活啊，反正有大把时光

来啊，爱情啊，反正有大把愚妄

来啊，流浪啊，反正有大把方向

来啊，造作啊，反正有大把风光

……

一首自由、寂寥又魅惑的歌曲，勾得人心里痒痒的，而演唱这首《痒》的人正是歌手黄龄。

演唱这首歌的时候，黄龄还不到二十岁，在音乐造诣方面却有着超越年龄的成熟。她的声音细腻绵长，转音绵绵不绝，婉转又缠绵，清丽又妖娆。这种慵懒缠绵的"龄式"唱腔，韵味十足，充满了魅惑，撩动着听众的心弦，辨识度极高。

凭借这张专辑，黄龄 2007 年一举夺魁拿下东方风云榜"东方新人银奖"的同时，还获得了"转音歌姬"的称号。

然而，此后很长一段时间，她经历了一段歌红人不红的尴尬处境，即使她的代表作《痒》《high 歌》被翻唱得人尽皆知，观众对于原唱者黄龄，仍停留在一个模糊的记忆。

关于"为什么不红"这件事，黄龄其实看得非常淡然。有时候问得多了，她就幽默一把——"红很好啊，但我更喜欢黄，因为我姓黄。"有时候也

会很尖锐地回应——"我光凭作品就能说话，好过人红歌不红吧？"但是更多的时候，她会真诚地说："唱歌一直是我的初心所在，我的想法也一直都很简单，我一开始签约的心态也是如此，我只是喜欢唱歌，跟我可以有多红有多厉害没什么关系，喜欢唱歌这件事已经让我足够幸福了。"当然，她的实力也让她非常自信——"我的人，我的音乐，是非常经得起时间的考验的。"

一晃出道 16 个年头了，在 2020 年《乘风破浪的姐姐》这档热门综艺节目中，黄龄以出众的音乐实力和古灵精怪的有趣个性，让更多的观众记住了她，也让越来越多的人喜欢上了她。

在"浪姐"最初的舞台表演时，黄龄愣是把一首网络歌曲《芒种》，唱出了独特的"龄式"妩媚风情，引来了大家的啧啧赞叹，一举获得了第二名的好成绩，成为了名副其实的"Vocal 担当"。但当她被问及最希望成为女团里的 Vocal 担当还是 Dance 担当时，黄龄却笑着说，"我自认为自己是'心态担当'，我的强项是可以为姐姐们营造没有压力的氛围。"

"心态担当"实至名归，在整个"浪姐"的节目中，黄龄是最放松自在的，她虽然实力强大，但对于女团喜欢争抢的"C 位"，以及对自己的"观众缘"并不是很在意。她始终带着一份好玩、有趣、成长的心态来看待比赛，她的这种态度迅速为她积累了好人缘，成为了姐姐们的"团宠"。郑希怡用了一个很精准的词汇来形容黄龄——小精灵。

随着《乘风破浪的姐姐》这档综艺节目的热播，黄龄也获得了大量的关注和表演机会，各种邀约接踵而来，而黄龄也欣然前去尝试不同的可能性——综艺、戏剧、电影……她的人生不设限，永远保持好奇心，勇于尝试，在实践中规划着自己的事业版图。不刻意、不设限，她心态平和，步调从容。

只有音乐是一定要做的事，并且是必须要做的事。唱歌确实是黄龄从小到大最喜欢做的事，她洗澡唱，走路唱，做饭打扫整理都要唱。用黄龄自己的话来说，音乐就是她的呼吸、她的信仰，已经融进了她的血液里。

2020 年初因为新冠肺炎疫情，没有多少登台唱歌的机会，黄龄就在网络平台开设了账号，成为了新世代浪潮里的"UP 主"，常常在浴室里开自己的专属演唱会。她喜欢穿着睡衣，抱着吉他，点着蜡烛，喝着自制的各种"神仙水"，在浴室轻松自然又奔放洒脱地自娱自乐。每次，她都用不同的腔调问候大家——"B 站的小伙伴，你们有没有吃过饭？"然后开始一段搞笑又古灵精怪的暖场，接着就放飞自我式地开始唱歌，这种仿佛"喝了假酒"式的表演风格，赢得了广大粉丝的喜爱，大家送她"浴室歌姬""假酒女孩"的名号。似乎是理所当然地，黄龄荣获了哔哩哔哩网首个"明星百大 UP 主奖"和"2020 年度创意单项奖"。

如今出道已 16 年却只有四张专辑的黄龄，音乐之路很明显的比大多数歌手慢很多。

其实黄龄小时候曾被选拔去体校练了三年排球，但是因为身高最后只长到了 1.67 米，她才放弃了进入国家队的梦想。15 岁那年，喜欢唱歌的她报名参加歌唱比赛，因为声线优越被评委发掘，推荐给了唱片公司，慢性子的她却一直拖了半年才签约。

签约后也不慌不忙地进行了三年唱歌、舞蹈和乐器训练之后，才推出了第一张个人专辑《痒》。随后，她沉寂了三年，又推出了第二张专辑《特别》。后来她自立门户成立了个人音乐工作室，此后六年时间里，以每两年推出一张专辑的速度推出了《龄 EP》《来日方长》《醉》三张专辑。

专辑《来日方长》带来的最大惊喜正是黄龄不断尝试了更加丰富、多元、混搭的曲风。她淋漓尽致地拓展着属于她的音乐疆界，她在专辑中大胆尝试了流行与复古风格并行，将十里洋场的锦梦汇入了现代的上海，坚定而温柔地传达着《来日方长》这张专辑绝不是速食音乐的信息。其中同名单曲《来日方长》也在 2017 年和 2018 年分别荣获阿比鹿音乐奖最受欢迎影视音乐单曲和东方风云榜最佳流行合作奖。

在出名要趁早的娱乐圈，黄龄的慢，在她自己看来是一种对音乐的态度，她很享受这种优哉游哉的音乐唱作，也喜欢不急不缓细水长流的生活。

既不为自己焦虑，也不眼红别人，黄龄有自己的节奏和频率，每一步都走得很稳健。当被别人问到用几年时间打磨作品，有没有不安和担心时，她说，"没有不安，好音乐有时候需要灵感的发生，也需要时间的沉淀。"

2019 年 7 月，黄龄推出了第四张专辑《醉》，这张专辑是最能包罗黄龄当下所感的本心之作。她用随心而动的音乐，开启了一场醉心醉情、天马行空的音乐之旅。这张专辑呈现了 种中西融汇的审美，在她的音乐领域中，独到的"海派风情"和"东情西韵"展现得淋漓尽致。

谈到自己在音乐领域的慢工出细活，黄龄说："我喜欢慢生活，我要向树懒学习，给自己时间去呼吸，我爱音乐，我想用音乐表达自我，而不是用音乐讨好别人。"

通过"浪姐"这档综艺节目，网友们又发现了上海姑娘黄龄身上娇嗲又"做作"的一面。她在节目中说话声调多变，表情丰富，常常自顾自地摇头晃脑、喜形于色，还有她各种天马行空的想法，以及说话做事不走寻常路的做派，都显得格外与众不同。在台下她是古灵精怪，天真无邪的小女生，但是一上台，拿起麦克风，顿时气场十足，透出成熟的魅惑和名伶的风韵，这种强烈的反差，也格外吸引人。

追完综艺节目再看她在"B 站"上的视频，听完音乐再看她的各种访谈，越靠近黄龄，越被她的这种气质所吸引。这种"做作"的浑然天成，真是多一分则浮夸造作，少一分则无趣肉麻。

生活中，她是个很有仪式感的人。出远门时会带上香薰蜡烛，会用醒酒器插花，会把浴室当做舞台，还要自己最爱的树懒玩偶做听众，她喜欢自己营造的小世界。即使过了三十岁，她依然抱着娃娃睡觉，还跟妈妈一起穿

洛丽塔风格的裙子自拍，她还喜欢和花花草草对话，她热爱所有的小生命，甚至穿过草坪害怕踩到虫子，宿舍有蚊子她竟然劝它们离开——"给每个小生命一次机会"。

在她充满天真的自由自在中，最让人感动的依然是她对音乐的热爱，当她抱起心爱的吉他，吟唱着自己喜欢的歌曲时，时而妩媚，时而寂寥，时而高亢，时而搞怪……她面对镜头的自信、百变、"嗲"和"作"，都显得那么令人着迷，让人难以用世俗的眼光去挑剔她特立独行的灵魂。

而围困于"30+"女性的年龄、婚姻、生育等问题，现代人所焦虑的功成名就、远大前程等现实，在黄龄这里似乎都不是问题，她身上没有一点点的紧绷感，只有跃跃欲试的蓬勃朝气和自由自在的天真好奇。

在黄龄的认知世界里，年龄从来不是问题，心态才会成为阻碍，她说，"不要被传统的思维模式所束缚，想做的事情尽量去做，我要活出自己的生活轨迹。"

在放养式的成长过程中，黄龄始终像个快乐的小孩，享受着成长的自由和新奇。黄龄说，只有野蛮生长，才不怕白活一场。她的野蛮生长，其实是指真实地表达自己，无惧他人眼光，只为了取悦自己而活。

不卑不亢的处世态度、安之若素的低调个性，这就是黄龄能在音乐世界自由自在做散仙的缘故，就像她大大方方在"浪姐"舞台上唱出的那句——不够有野心，歌红人不红，可我站在这里就是与众不同！

寇 乃 馨

女人当自强

我相信,一个真心爱你的男人,会希望你和他彼此都优秀和进步。我更相信,男人能拥有一个真正够强的女人,才是一生受用不尽的福气!

1. 傲骨贤妻 灵魂共鸣

2017 年 9 月 23 日，台湾著名音乐人黄国伦在鸟巢举办了首场个人演唱会，演唱会主题为"没有不可能"。这场演出堪称当年音乐圈最受瞩目的演出之一，一时尘嚣四起，众说纷纭。

黄国伦曾创作出上百首脍炙人口的经典作品，也获得过许多音乐大奖，我们耳熟能详的王菲的《我愿意》，辛晓琪的《味道》，范晓萱的《眼泪》，张信哲的《不要对他说》等都是他的作品。

25 年的音乐创作生涯，让他也有了一个唱到幕前的愿望。但当他宣布要在"鸟巢"举办个人演唱会时，听到的人几乎都觉得他疯了。能容纳十万人的鸟巢，只有屈指可数的音乐人敢登台圆梦。被狠泼冷水的黄国伦自己也觉得有些异想天开。但当黄国伦询问妻子寇乃馨的意见时，她竟毫不犹豫地答应了，还鼓励他说："我就想听你唱歌，就算你包场鸟巢只唱给我听，我都觉得你最帅了！"

于是妻子寇乃馨成了这场演唱会唯一的赞助人。在奔忙于参加各档综艺节目之外，她开始兼职黄国伦鸟巢演唱会最大的幕后总管——大到请导演找宣传推广，小到给工作人员订盒饭，所有的对接工作密集式轰炸，她常常每天只睡三四个小时。

在此次鸟巢演唱会的宣传视频里，黄国伦被泼了好几桶冷水，还被强大的水浪冲倒在地上，虽然很狼狈，但黄国伦面对镜头，双手握拳，目光坚定，他想告诉大家："虽被千万人泼冷水，吾往矣！"

夫妻二人此时就像同一战壕内背靠背肩并肩的战友，正在为一个极大的人生目标齐心协力去奋斗。黄国伦的鸟巢演唱会当晚，场内坐满了九成多观众！在黄国伦深情的歌声中，满场的手机灯海亮成了银河，映照得夫妻俩在台上泪花闪闪……

在演唱会上，寇乃馨说："我不支持女人卖房卖车牺牲自我去力挺老公的梦想，但我可以在有房有车有余钱的情况下，不买包不买奢侈品，我愿意买我老公的梦想！这个价值两千万的梦想虽然很'贵'，但并不是'昂贵'，而是珍贵！"此言一出，全场沸腾。

身处在娱乐圈这个浮华名利场，很难独善其身，但寇乃馨仿佛是娱乐圈的异类，她从不在意这些外在的虚荣，反而努力赚钱去助力老公的梦想，因为她深深懂得成全的珍贵。夫妻间的灵魂共鸣和人生共舞，超越了一切外在的物质需求。

2. 学霸明星 演讲女王

身为知名主持人的寇乃馨出生于演艺世家，她的妈妈参演过不少电视剧，外婆是当年的越剧名伶，叔叔是知名主持人，所以她笑言自己"能言善辩，擅长模仿，表现欲强"的特质是刻在基因里的。

家教甚严的寇乃馨从小就是成绩拔尖的好学生，当年她以第一名的成绩考入了台湾大学英文系。毕业后，由于声音甜美、口齿伶俐、外貌姣好，她常担任各项综艺节目主持人，并身兼英文教学工作，此外还参演了不少舞台剧，颇有名气。

在与黄国伦结婚后，二人更是以夫妻搭档的形式成为红遍两岸三地的综艺栏目《康熙来了》的常驻嘉宾，寇乃馨反应敏捷，逻辑清晰，口才出众，而黄国伦则时刻端着文艺范儿的正经，不疾不徐地抛出慢半拍的冷笑话，两人之间有种奇妙的化学反应，带来了极佳的综艺效果，夫妻二人成为炙手可热的综艺热门嘉宾。

2014 年，寇乃馨受邀参加北京卫视《我是演说家》节目的录制，并以一场《不要对你爱的人飚狠话》的演讲一炮而红。她在演讲中自剖了两个亲身经历，她坦承自己最大的"恶习"就是总在气急时用话语当武器，从而伤害到至亲。曾经一次口无遮拦的争吵，差点让寇乃馨的婚姻走向解体，这次争吵也让她痛彻反省自己是否将语言变成了一种暴力，令自己成为了另一种形式的家暴者。

虽然夫妻二人最终修复裂痕和好如初，但寇乃馨痛定思痛，不断反省，她说，"让我们都遇见更好的自己，我们都可以在愤怒的时候更多地控制我们的言语，我们要让言语成为疗伤的能力，而不是创造更深的伤痕，我们要用言语让我们爱的人得到鼓励。"她真诚而坦率的演讲打动了在场的观众，在她的演讲中，更多的人得到了共鸣，也有了反思和悔悟。

而寇乃馨的演讲风格在那时就已初见雏形，形成了独特的个人风格。她凭着真诚而智慧的女性思维，鼓励更多女性朋友在恋爱、婚姻及生活中更开阔更豁达，更有勇气。期间她还受邀参加了《非常完美》《青春保卫战》等多档情感类综艺节目，她的点评和分析客观到位，言辞犀利却又总能让被点评的嘉宾乐于接受，勇于尝试，一度成为众多女性的情感导师。如今的寇乃馨，已经是颇具影响力的演说家，是《超级演说家》旗下超级演说家学院的荣誉院长，是节目中人气超高的情感导师，也是幸福女人的代言人，更是万千女性的良师益友。

3. 一辈子恋爱的少女

身为情感专家的寇乃馨，对自己的感情要求也是相当高的。在她决定要嫁给黄国伦时，遭到了全家人激烈的反对，但是她一意孤行，只要自己认准了这个人，就会勇气十足一往无前。

其实理智过人的寇乃馨，面对爱情却感性十足，她所追求的只是一份简单和纯粹。黄国伦于她而言，最过人之处就是"懂我"——灵魂上的契合，大过世俗外在的要求。

2009 年 11 月 17 日，寇乃馨力排众议跟黄国伦在耶路撒冷秘密举行了婚礼，随行的只有摄影师、化妆师和为他们证婚的牧师夫妇。在圣洁、庄严的大卫教堂中，雪白的一切象征着爱情的纯粹和永恒。在现场，黄国伦为寇乃馨唱起了她最爱的那首《真爱一生》——

想与你洗净铅华梦
共度每一个黄昏
让空气之中充满真爱
不管未来日子如何，悲伤或者欢乐
和你共度生命每一刻
……

这场婚礼不仅没有通知媒体，就连双方的家人都被蒙在鼓里。而黄国伦制造的这个浪漫的场景，给予了寇乃馨纯粹和美好婚姻的切身体验，这也是他对她承诺的"懂我"中的一部分。

要做永远的少女，要让男人追求一辈子。这是理性的寇乃馨对婚姻最感性的追求。在公众眼里，她是强势而犀利的时代女性，但在爱人眼里，她是永远长不大的公主。平时摘掉假睫毛，戴着框架眼镜的寇乃馨更像个清秀的女大学生。她喜欢收藏可爱的娃娃，超级迷恋双子星玩偶，闲时兴趣就是看漫画，懂她的黄国伦经常笑她"内心还是个六岁的小女孩"。她想要的是"懂我"，渴望的是"用心"，每一个生日、纪念日，她都要求黄国伦不能送用钱买来的礼物，因为在她看来，用钱能买到的心意太容易完成，而不花钱的礼物则是需要用心和时间去完成的。

于是在微博中常常看到黄国伦给她唱情歌，做手工卡片，写下肺腑情书，手作粉色蛋糕，年过半百的黄国伦甚至扮成可爱熊给寇乃馨送去"爱的抱抱"……他就像个追光追爱的少年一样，永远追随着她。

很多人看到他们的微博后留言："这样不喜欢钱的女人真好，娶妻当娶寇乃馨"。寇乃馨则真诚地回复："不要钱的女人要的是一颗真心，要的是随时随地满满的爱和物质以外的精神追求。"

因常年参加各种节目的录制，寇乃馨夫妇经常在不同城市出差，他们的生活常常在旅途中度过。但寇乃馨认为，夫妻只要能在一起工作，只要能相

我，
无与伦比　　×　　97　　×　　寇乃馨
　　　　　　　　　　　　　　　　女人当自强

互陪伴，哪里都有家的感觉。

而对自己真正的家，寇乃馨曾在综艺节目中回忆道："黄国伦有一次把我家乱到大半年看不见桌面的客厅收拾得干干净净，还拍了照片发给我，上面写着——这是今天我想你的方式。我很感动，我认为这是再浪漫不过的事。"

4. 女人当自强

2019 年，寇乃馨开始加入到淘宝主播的行列。虽然是带着名气和光环入局，但她依然兢兢业业，日以继夜不断播。

每天播足六小时，常常工作到凌晨才结束，虽然声音嘶哑，喉咙疼痛，但她始终保持着全力以赴的状态，着实令人钦佩。这份事业从零到有，寇乃馨如今已经跻身明星主播的前列。

在最新一次的电视演讲《懂女人者，才能赢霸市场》中，她分析了自己在直播中的经验和心得，更提出了只有赢得女人的心，才能在以女性为主导的直播事业中无往不利的口号。寇乃馨一语道破真相——女人不是为货品买单，而是为了想象中的美好买单。

做一个能为自己买单的女人，真的非常有力量。寇乃馨说，我很要强，是因为只有强大的女人，才能永远开心地做自己。

她似乎是永远的少女，总是玩着娃娃，看着漫画，等着喜欢的男生来表白心意。48 岁了仍然不惧年龄，无惧压力，在风口浪尖迎面而上，接受全新的工作挑战。

犀利的时代女性和永远的追梦少女并不矛盾——只要能像寇乃馨这样，内心强大而充实，对自己的才华和能力充满自信，对自己的爱情和婚姻底气十足，对自己的工作和事业有胆有识。

内心强大而自信，是寇乃馨乘风破浪的底气。她说，很多男人不喜欢女人太强，最好是脸蛋美身材辣外加头脑简单再笨一点，才是上上之选。有些情感专家们会劝女人千万要学会示弱，越示弱男人越敢追求你，但其实真相是，怕你太强的男人根本配不上你！希望你弱的男人，只想着他某天搞起鬼更容易瞒着你！我相信，一个真心爱你的男人，会希望你和他彼此都优秀和进步。我更相信，男人能拥有一个真正强大的女人，才是一生受用不尽的福气！

法国先锋作家波伏娃在其著作《第二性》中写道，"有一天，女人或许可以用她的强去爱，而不是用她的弱去爱。不是逃避自我，而是找到自我，不是自我舍弃，而是自我肯定，那时候爱情对她和他都将一样，变成生活的源泉，而不是致命的危险。"

在如今高速发展的时代，两性关系出现了巨大的变化，也许在不远的未来，成为强者，购买自己想要的美好和梦想，亦是当代女人的奋斗目标。随之而来的两性关系的改写，则像寇乃馨在《女人当自强》的演讲中说的那样——"男人爱女人年轻漂亮，但男人更需要女人能懂他、帮助他，在他虚弱时给他安全的港湾，在他意气昂扬时能陪他打天下！女人当自强，除了自己强，也能助力男人更强！"

李 若 彤

经典的过去，精彩的未来

如果你问我，最好的时光是什么年龄？我想，我最好的时光还没有到来。我有经典的过去，我更有精彩的未来，每时每刻，时光正好。

8 月 16 日是李若彤的生日。

2020 年的这一天，她在微博上发表了生日感言：说什么美人迟暮，高峰已过，在我看来，无论何时，无论经历什么，无论什么年纪，都不该止步不前！

原来，大家记忆中那个白衣胜雪，楚楚动人的小龙女，已经 55 岁了。

如此英姿飒爽的时代女性，真的是当年观众记忆中那个柔弱、美好，温婉的古典美人李若彤吗？

带着这些疑问，她非常真诚的在《辣妈学院》节目中娓娓道出了原委——

"人到了 55 岁的年纪，基本上已经进入了人生的下半场，年轻时的棱角会被磨平，斗志逐渐在消失，平和而疲惫成为了中年的底色。随着年龄的增长，人生经验更丰富，我的内心变得更强大了，阅历成为了我的底气。当我看到网络上有许多针对'未婚未育的女性就是失败者'的观点的讨论时，我想用自身的经历来给更多女性一些正向的鼓励，无论经历了什么都不重要，重要的是懂得重新出发，从心出发。"

这一段发自肺腑的独白，也是她对自己过去的总结。能有今天的通透和豁达，正是得益于过去的磨砺和挣扎，李若彤跌宕起伏的人生，是香江故事的旧传奇，也是今朝掀起的新篇章。

1. 童年

李若彤出生在香港一个普通家庭，兄弟姐妹十个，她排行第七。因为子女众多，生活并不富裕，妈妈在家全职照顾十个孩子，还兼职做串珠项链、手工花来补贴生活，爸爸在外工作，还不忘带上这些手工活儿见缝插针地做。家里房子小，只有一个盥洗室，兄弟姐妹上班的上班，上学的上学，每天早晨都是在挤挤闹闹的嘈杂中开始。

尽管如此，李若彤回忆起童年依然是温馨和快乐的，即使经济拮据，衣服总是干净合身，粗茶淡饭亦温热可口。孩子们有时候帮大人做点手工，还会记在小本子上——"今天爸爸给我发工资了。我们十个兄弟姐妹，我跟六哥做得最多。"每每忆起童年趣事，李若彤总是开心地大笑。

父母甚爱孩子，宁可自己节衣缩食，也要让孩子们衣食无忧，兄弟姐妹甚多，但是家教非常严格。李若彤回忆："四个孩子一起出去玩，一个孩子调皮被人家投诉，四个人一起挨打，而且是真打，手上有藤条印的。"

父母平时也在各方面严格管教孩子——吃饭只能夹自己面前的菜，一碗饭要全部吃完不能剩一粒米，吃完饭要说"我吃完了，你们慢慢吃"。

但是若想买学习用品，即使非常昂贵，父母也是二话不说就会满足孩子们。在这种既慈爱又家教严格的传统家庭里，兄弟姐妹十个都成长为正派而善

良的人。

童年的成长经历和成长中得到的爱奠定了李若彤内心的丰盛和圆满，经历了大起大落的前半生依然荣辱不惊平稳落地。

李若彤自小就生得美，被左邻右舍从小夸到大，但在父母的传统观念里，还是希望孩子好好读书寻求安稳的出路。

在那个香港小姐选美如火如荼的淘金岁月里，尽管平民女孩飞上枝头变凤凰的新闻充斥茶余饭后，尽管不断有星探和经纪公司邀请李若彤加入演艺圈，但中学毕业后，她还是选择通过激烈竞争入职一家航空公司，成为了一名空姐。

2. 空姐

成为了空姐后的李若彤非常喜欢这份工作，薪水优渥，工作稳定，即使忙碌劳累，但它还是满足了一个年轻女孩环游世界的梦想。

随着工作机会全球四处飞行，李若彤也打开了眼界，开始探索外面的世界。每每飞行落地，她喜欢亲近大自然，去海边或公园安静地欣赏周遭美景，观察来往的形形色色的人。也许是天意或是天赋，这种观察和揣摩竟然对她日后进入演艺圈拿捏不同人物角色起到了至关重要的作用。

工作之余，天生丽质的她接拍了一些广告，还在电影中客串过一些小角色，在《浪漫杀死自由人》中与王祖贤、任达华演过对手戏。"触电"之初，她从未想过辞职进军演艺圈："我做空姐做得好好的，为什么要去拍电影？"直到 1992 年，她因拍摄洗发水广告被徐克看中，与张学友、黎明、李嘉欣搭档出演电影《妖兽都市》，一时备受瞩目。

即便如此，她依然只把拍戏当爱好，拍摄一结束就回去继续做空姐，甚至要跟大明星一起参加首映式，她都以"要跟男朋友出去度假"为由拒绝了。在那个女孩子都想当电影明星的年代，李若彤确实显得格外与众不同，以至于施南生评价李若彤"天赋甚好，只是缺乏一些野心。"

不过，冥冥中总有一些因缘际会是上天注定的，李若彤跟演艺圈的缘分看似意料之外，又属缘分之中。

1993 年，恋情告急的她，为了逃离香港疗愈情殇，从航空公司辞职去内地参演了电影《火烧红莲寺》，这是她第一次做女主角。就这样，李若彤正式跨入了一片新天地。那时候的她还未曾知道，她将在这片天地里收获流光溢彩的人生。

3. 演员

李若彤身上有一种非常迷人的矛盾之处——高鼻深目，长相洋化的她，却以演绎古装美女深入人心。初入演艺圈，在大银幕起步的她，却以电视剧中的角色经典永传。

1995 年，李若彤遇见了《神雕侠侣》，成全了金庸笔下不食人间烟火的小龙女，她明眸皓齿，白衣胜雪，一把淑女剑在手，惩恶扬善，美绝人间。剧集播出后更是好评如潮，那是李若彤演艺生涯的高光时刻，仅凭这一个角色就成为几代人心中的女神。

当年香港 TVB 重拍《神雕侠侣》时，制片人李添胜看到电影《青春火花》中李若彤饰演的排球少女，虽然她一头短发，英姿勃发，跟古墓少女的冷清孤寂完全不着边，但是阅人无数的制片人坚称，"我看准了，做小龙女一定是李若彤最像，因为她'冷'，小龙女一定是要一个很冷的人来扮演才像。"

定妆照一拍完，连李若彤自己都惊到了，照片中的她白衣飘飘，一脸清冷，她突然发现——原来我也可以。

为了演好古装少女，李若彤不但苦读原著，还自我隔离，不与亲友联系，营造小龙女孤独的氛围。每每读到小龙女和杨过的虐恋，她都泣不成声，

很快入戏。"小龙女的反应非常淡，要几乎面无表情，可是又不能没有表情，也不能没有反应，她并不是一个木头人。"李若彤说。演戏时，她的表演天分很快显露出来，没有表情的小龙女，被李若彤用眼神、手势、细微的面部变化表现得灵动自然。

李若彤的敬业在演艺圈是有口皆碑的——当年为了拍《青春火花》苦练排球；演《十万火急》中的医生，几次从六楼窗台跳到地面；拍摄《天龙八部》时不慎被一根反弹回来的树枝弹伤右眼，险些失明……

有美貌，有演技，又敬业，还有蒸蒸日上的名气，李若彤的演艺事业发展得越来越顺利，先后接拍了不少有影响力的电影和电视剧，她塑造的《天龙八部》中的王语嫣，《杨门女将》中的杨八妹都成为了经典角色，深受观众喜爱。

而在《秋香》《武当》等多部古装电视连续剧中的表演也让人看到了不一样的李若彤。尤其是在 1996 年，她主演了周星驰的喜剧电影《大内密探零零发》，剧中她饰演妩媚的反派角色琴操姑娘，一反常态的喜剧演出令观众印象深刻，被奉为经典。

总结过往的演艺生涯，李若彤觉得自己算是清醒又自律的人。她有揣摩雕琢人物的天赋，会自己设计角色的动作表情，也肯下苦功记台词钻研剧本，每次开拍前她都会为角色做非常多的准备，甚至连对手的台词也要背下来，吃苦耐劳更是不在话下，对于这些努力李若彤把它叫作"演员的职业道德"。

而对于自己刻画过的荧幕人物，李若彤坦言，英姿飒爽的杨八妹是自己非常喜欢的角色。这个虚构的历史人物，不同于她塑造过的那些古代传统女性，杨八妹是个思维开阔性格开朗，具有现代女性精神的巾帼英雄。她说，"演完小龙女，演完王语嫣，下一个角色我很想演与这些角色完全不一样的，我需要一些挑战，一些冲击。"

但巾帼英雄不易做，开拍第一个月，每天拍武打戏、吊威亚。那时横店影视城刚刚建成，配套设施还不完善，条件极其艰苦。套着古装头套，披着厚厚的盔甲，每天在 36℃的高温下挥汗如雨，李若彤完全凭借对角色的高度喜爱和敬业精神才坚持了下来，完美地诠释了古典与现代交融的杨八妹。

多年后，经历了人生的高低起伏，爱情的风风雨雨，李若彤回想起自己的前半生，觉得很像小龙女或者王语嫣。但是进入了人生的下半场，那焕然一新的姿态，她觉得自己更像是那个她曾经为之吃过苦、流过血和汗塑造出的杨八妹。

演员演绎角色，角色叠合人生，戏里戏外，故事都在上演。

4. 淡出影坛

1998 年，李若彤有《神雕侠侣》《天龙八部》两部作品在手，又主演了周星驰导演的电影《大内密探零零发》，前途一片大好。

此后近九年的时光里，她经历了与相恋多年的男友分手，父亲中风去世的悲痛，但也在全力帮助工作繁忙的妹妹照顾孩子的过程中，体会到了亲情的美好，得到了爱的疗愈。"我很喜欢小孩子，虽然不是自己的女儿，但感觉自己像一个妈妈。她是我的小天使，虽然是'借'来的，也让我有梦想成真的感觉。"

这些年，有笑有泪，有苦有乐，有失去也有得到。每每被问及高峰时淡出，错失很多良机是否感到后悔时，李若彤总是很笃定地回答："不后悔。只是如果时光倒流，我不会再那样过。"

作为过来人，李若彤不吝分享自己悟到的人生道理——"一个女孩，千万不要为了爱情完全放弃自己。那段时间我完全放弃了自己，为另一个人而活，他希望我怎么做自己我就怎么做，全力配合他。我觉得一个人不可以这样，如果你遇到这样一个人如此要求你，那说明是他太自私。但是当年的我并没有看清这一点。"

走出阴霾后，李若彤坦言，"现在的我才觉得如释重负，做回自己原来是最快乐的事"。

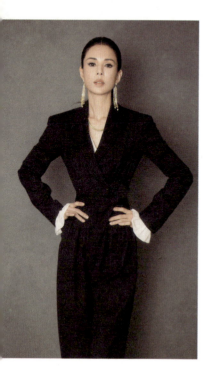

5. 重新出发

2013 年，李若彤被曾志伟数度邀约，终于决定出演香港 TVB 电视剧《女人俱乐部》中的巫小诗。这部剧集讲述了七个中年女性重聚，一起寻找青春回忆，重新追寻梦想的故事，人物命运跟李若彤的经历在某种程度上很相似。

多年远离镁光灯的生活，让李若彤重返片场有一点点心慌，一切都显得有些陌生。但当灯光亮起来，演员就位，导演喊一声"开麦啦"，一切又变得那么自然，那些刻在骨子里的熟悉感瞬间又回来了。

正是工作给李若彤带来了新的生机。她拍戏、参加综艺节目，跟年轻人一样积极融入新事物；写"小红书"、发抖音，在微博上也经常发表自己对生活的各种感悟；她回答网友的各种疑问，用自己的经历去激励他人砥砺前行。

对于女性到底怎样活才算成功才算有价值的话题，李若彤用自己的个人经历表达了以下看法——"无论是男性还是女性，都不应该因为年龄和别人的目光而为自己的人生做出草率的决定，更要学会懂得尊重别人的决定，因为那都是别人的人生。"

破蛹化蝶的人生下半场，李若彤特别珍惜每一次机会，更懂得要加倍爱自己。面对他人的质疑——为什么不结婚，为什么不生孩子，美人迟暮怎么办，事业高峰已过如何自洽！她在社交平台上逐一回应，语气自信且坚定，通透又豁达。"我最好的时光，还在后面"她这样说道。

做自己喜欢的事，让李若彤的精神面貌焕然一新，而常年的生活自律和健身让五十多岁的她还能骄傲地晒出清晰可见的腹肌。

2020 年 11 月，当李若彤以"不老女神"的面貌登上湖南卫视热门综艺节目《天天向上》时，她 56cm 的纤腰，清晰可见的马甲线和腹肌，立刻引爆了社交网络。

李若彤坚持健身已经 20 多年了，她每周最少去三次健身房，即使呆在家也会做一些有氧运动，还经常在网络上化身为专业健身教练，拍摄健身视频为网友答疑解惑。她的自律和对运动的热爱，让她出道至今依然保持着完美的身材和极佳的精神状态。

虽然她时常被夸赞身材完美，但她从不贩卖身材焦虑的理论，反而告诉大家她的健康生活理念——"当初为什么要健身？健身就是为了让自己能随心所欲地吃想吃的美食。"她大快朵颐爱吃的比萨饼与甜点，也会隔天吃自制的健身餐，有张有弛才是健康的生活。最近她还在社交网络上晒出自己穿上当年的初中校服的照片，目光依然清澈，身材依旧完美，她这样写道——"54 岁的我，重新穿上了 17 岁时的校服，身材没有什么改变，但是内心比从前更坚定更强大。"

都说岁月从不败美人，其实不败的还是那颗坚韧强大的心。

每每出现在镜头前，她年轻的面容和体态，她的自律、坚韧、豁达，以及那份永不言弃的精神更被众多女性赞美、效仿和追随，一时间，"神仙姐姐"又再一次被封神。

如今的李若彤再也不是当年那个迷茫的追爱小女生了，这千山万水出走的半生，归来的她依然是赤子的情怀，仙子的样貌。现在的她更专注当下的生活，专注工作和亲人、朋友，虽然这些年来依然孑然一身，但她依然相信爱，愿意为爱去等待。

她的潇洒自在，无拘无束，成就了最好的自己、最完美的李若彤。

在她身上，女性的焦虑都被聚焦，也被放大。她54岁了，依然没有结婚，没有生育，甚至在最美好的年龄遭遇了常人难以承受的挫折和磨难。演艺圈不乏颓废、堕落的当红女星，也不乏重新站起，再度出发的例子，李若彤刚好是后者。

她身上所展现的独特魅力，把"老"这个字眼甩出了自己的时光字典。漂亮的马甲线，紧实的手臂，明显的腹肌，她大大方方地在微博里面晒出来的身材和20年前的"小龙女"没有太大的区别。而她谈起人生过往和感悟，又让我们体悟到了年龄带来的底气——既有表达的勇气，又有成熟的观点，还有追求的目标。在她身上，我们看到了时光是怎样流逝却不留痕迹的，也看到了那份智慧和从容。

有人被时光逼迫，有人却同时光共舞。我们艳羡那些活出真我风采，活在界限之外的女性，我们也从她们的成长中，汲取了宝贵的经验和真实的力量。

也许爱自己的人生才是最值得期待的人生，爱自己的时光才是最美好的时光，而爱自己更是终身浪漫的开始。

正因为如此，李若彤才能高调地回答——
如果问我最好的时光是几岁？
我想，我最好的时光还没到来。
我有经典的过去，但是我更有精彩的未来，每时每刻，时光正好。

庞 时 杰

美丽的外表比不上
强大的心灵

经历过不幸的婚姻，也获得了美满的爱情，跋涉过人生的低谷，也到达过自己的高峰。庞时杰在对《辣妈学院》的观众谈及感受时，她真诚地说，"我以前一直以为女人只有拥有美丽的外表才能赢得男人的爱，现在我明白了，再美丽的外表也没有一颗强大的内心重要，只有自己真正强大了，才有能力去爱别人，才能求得真正的幸福和圆满。"

在来到《辣妈学院》做客的嘉宾中，庞时杰无疑是最令人印象深刻的。

这位小学语文老师，穿着紧身衣出场，落落大方地展示了她健美的身材。尤其是当她转过身，把饱满如蜜桃的臀部骄傲地对准了镜头——也难怪，这个美臀是获得过认证的——庞时杰在 2018 年获得了世界华人健身健美公益赛暨国际美臀大赛冠军。然而当她坐定后，娓娓道来的却是一段感人至深的真爱故事，一个女人绝处逢生的励志传奇。

1. 灰暗的时光

两年前，一段小小的视频意外在网络上爆红了。一个"二宝妈"因为眼疾被丈夫抛弃，随后暴饮暴食体重增加到 180 斤，但是在遇到真爱后重拾自信，通过健身锻炼成为了全国美臀冠军。这段视频有几千万次的浏览量，视频中，主人公的身材对比实在令人震惊，体重 180 斤的臃肿和颓废与健美比赛时性感和自信的形象，完全判若两人。到底是什么促使这位宝妈脱胎换骨？她笑着说，是爱情。但是想了想，又说，是未知的自己。

庞时杰的成长之路充满了艰辛与坎坷，她在 9 岁那年被查出患有神经胶质瘤，为了保全性命，忍痛切除了右眼视神经，手术后右眼不但没有了视力，而且外表看上去似乎只剩下眼白了。从那以后，她饱受小伙伴的疏离和嘲弄，还被取了各种难听的绰号。生理的残缺带来了心理上的巨大伤害，这种伤害一直持续到她的青春期，恋爱期，甚至第一段婚姻。

初恋时，面容娟秀的庞时杰有了一份纯真的感情，但是到谈婚论嫁时，男方的父母因为她的眼睛问题极力反对，最终二人分手。这份自卑延续到了她的下一段感情，当那个男生愿意娶她时，她简直是怀着感恩戴德的心情步入了婚姻殿堂。婚后，她包揽了一切家务，小心翼翼地迎合丈夫，照顾家庭。丈夫也摆出一副有恩于她的姿态，对她的奉献和牺牲视作理所当然。有时候，庞时杰也觉得不公，但她总是想，他能包容我眼睛的缺陷，别的还有什么苛求呢？

眼睛的问题是庞时杰心中永远的痛，也是她在感情中的底线。

然而，那一天还是到来了。丈夫在一次争吵后当着庞时杰父母的面嘲讽她——就你这样的瞎子，谁会要你？一句话，击溃了庞时杰内心尊严的堤坝，本以为他对她应有的包容，在那一刻才发现是他拿捏的短柄。庞时杰愤怒不已，毅然决定与前夫离婚。此后两年，在亲人的劝说下，为了孩子，兜兜转转她又与前夫复婚，随后在婚姻的泥潭中，她挣扎了很久，依然只有痛苦和绝望。再次离婚的代价让庞时杰失去了儿子的抚养权。

那是她人生最灰暗的时光，她感到自己一无所有，一无是处，于是她开始用暴饮暴食来缓解压力。一块钱的豆沙包，她买一百块钱的，一边哭一边吃个精光，一顿饭她要吃五屉包子，仿佛食物才可以填补她内心的空虚……很快，她的体重从 110 斤出头直逼 180 斤。

面对镜子时，她对自己愈发失望，面对儿子时，她更是觉得抬不起头，她自暴自弃的状态也伤害到了孩子，儿子逐渐变得敏感内向。作为母亲，庞时杰觉得再不能这样下去了，人生需要重新开始，自己也需要改变。在亲友的劝导下，庞时杰修整了数月，情绪逐渐稳定，生活状况也开始好转。她问自己，还相信爱情，相信婚姻吗？抱着孤注一掷的心情，她开始相亲了。

2. 向前一步

认识现任丈夫许文正的时候，也是他人生最潦倒的时刻，生意失败，欠债百万，妻离子散。亲友们都觉得这个人条件不合适，跟这样的人过日子太辛苦，但是庞时杰从不以金钱论男人，她有她的标准。

第一次见面，庞时杰开门见山——我有一只眼睛看不见，你能接受吗？许文正说，比起外表，我更在乎的是内心，我也要坦白一件事，我有百万欠债，你能接受吗？两人说出自己的真实与狼狈后，竟然彼此像个孩子似的大笑了起来。就这样，他们开始了纯粹而甜蜜的爱情。没有钱，就去小吃摊约会，去唱便宜的KTV，许文正每次都要唱那首《你是我的眼》，但是他都要故意唱成"我是你的眼"。

就是这一眼，让庞时杰义无反顾地再次步入了婚姻的殿堂。这一次，她没有看错人，丈夫很爱她，处处以她为重，当发现庞时杰特别在意他人对自己眼睛的看法时，在欠债累累的情况下，竟然愣是挤出了几万块钱，带她去整容。手术做了4次，她吃了不少苦，但是眼睛终于恢复得跟正常人一样自然了。

庞时杰的心结解开了，她开始重拾信心面对崭新的生活，她痛下决心要减肥，许文正也表示全力支持。庞时杰每天4点起床跑步，他就默默陪伴在她左右。庞时杰是个有毅力的人，她给自己制订了运动计划，在少吃多运动的严苛条件下，她用了一年时间，把体重从 200 斤降到了 100 斤。

然而过于严苛的节食减肥，最终伤害了她的身体，在跑完南京马拉松之后，庞时杰发现自己的大腿内侧居然流血了，非常可怕，去医院检查后才发现自己身体各项指标严重紊乱。这时候，她突然意识到瘦并不代表美，减肥不是减重而是要减脂。只有科学锻炼，线条才会更完美，身体也会更健康。有了科学的指导，庞时杰开始研究减肥塑形的方法，业余时间还考取了营养师和健身教练等专业证书。

2017 年，她参加了三亚国际沙滩健美先生比基尼小姐大赛，并荣获亚军，同年又在广州举办的环球健美比赛上获得了季军，2018 年更是在全国健美大赛上荣膺"美臀冠军"的殊荣。丑小鸭终于变成了天鹅，庞时杰的身材越来越完美，状态也越来越好了。她热情地拥抱这种变化的同时，发现自己的内心越来越强大了，她甚至非常渴望去拥抱十年前那个留着眼泪啃包子的肥胖弃妇，她想对自己说，别害怕，只要你肯迈出这一步，你的世界会更加闪耀。

3. 健美冠军

4:00 吃早餐；

4:30 晨练；

6:40 田径队训练；

7:20~9:00 语文课；

9:50~11:30 基本功比赛；

14:30 开会；

15:30~20:30 无氧训练；

21:00 睡觉。

这是某天庞时杰发在微信朋友圈上的一天时刻表。几年来，她的作息时间一直如此。

虽然成为了健美冠军，但是她依然热爱自己的三尺讲台，她的本职工作是江苏淮安市一位美丽的语文老师，曾经也是学校田径队的教练。而在业余时间，她更是一个在追梦的健身达人。

她的积极乐观和坚持不懈同时也感染了家人，大儿子开始变得开朗活泼，也热爱上了跑步，并且把许叔叔改口成了爸爸，而她跟许文正的爱情结晶——小儿子健康活泼还很聪颖，一家人常常一起跑马、野餐、旅游，其乐融融，生活得有滋有味，羡煞旁人。

而丈夫许文正，多年前也跟着妻子一起健身，如今拥有了健硕的身材，并且他更加努力工作，在 2018 年将百万负债悉数还清。生意蒸蒸日上，家庭幸福美满，许文正不止一次表示，妻子就像一座金矿，总给自己带来很多惊喜，而庞时杰则笑着说，那也要感谢你这个发现金矿的人啊！

经历过不幸的婚姻，也获得了美满的爱情，有过人生的低谷，也到达过自己的高峰，庞时杰在对《辣妈学院》的观众谈及感受时，她真诚地说："我以前一直以为女人只有拥有美丽的外表才能赢得男人的爱，现在我明白了，再美丽的外表也没有一颗强大的内心重要，只有自己真正强大了，才有能力去爱别人，才能求得真正的幸福和圆满！"

冉 莹 颖

站在拳王前面的女人

"人生本来就是选择了什么就必须承受什么，每一个选择都
会对应一个后果。"冉莹颖在不断地选择中经营着自己的人
生——自己想要的人生。

2017 年以前，媒体提起冉莹颖还会用"拳王背后的女人"为标题，描述她为人妻为人母的柔软与坚强。然而到了 2020 年，当冉莹颖再次出现于报端，标题则换成了"替拳王出拳的女人"，甚至是"拳王的领导人""打造拳王明星 IP 的女人"。某门户网站体育频道甚至在专题《女人的疆域》中盛赞她——邹市明的硬拳头打出了家庭上半场的荣耀和地位，而冉莹颖则以她的自我和偏执、刚柔并济，搏出了家庭下半场的空间和富足。

早在 2018 年 8 月，世界拳击理事会（WBC）宣布了一项重要决议——任命拳王邹市明的妻子冉莹颖为 WBC 中国区第三任主席。在企业信用公示系统上，邹氏夫妇注册的五家公司中有四家的法定代表人是冉莹颖。在公司里，员工们习惯称呼冉莹颖为老板，而不是老板娘。

今天的冉莹颖，终于不再是大众眼中那个"拳王不安分"的妻子，而是拳王合伙人，中国拳击事业的推广人。2019 年 5 月，冉莹颖悄悄生下了第三胎，并且，小儿子冉明羲随妈妈姓，也被看做是拳王邹市明的浪漫之举，充满着对妻子的脉脉深情。这一对颇受关注的明星夫妻，从 2006 年的勇敢相爱"升级"到了 2019 年的五口之家。

当下社会不缺少精明强干的女强人，更不乏默默奉献的贤妻良母，而如何在爱情与事业中取得巧妙的平衡，如何在婚姻中不迷失自我，找到一条属于自己的幸福之路，这大概是当下大多数女性都会思考的问题。而冉莹颖则提供了一个普通却不平凡的答案——爱。

1. 一个人支撑

2006 年，邹市明和冉莹颖在遵义的一次活动上相识了。一个是世界冠军新晋拳王，一个是普通的大学生，但两人之间身份的悬殊并没有阻止两颗心的靠拢。其实，更大的阻碍来自双方家庭，两岁时父母离异，跟母亲相依为命的冉莹颖，生父正是一名体育教练，为了热爱的体育事业，他对家庭和妻女关心甚少，最终导致了家庭的破裂。看到女儿重蹈覆辙找了个体育明星，冉莹颖母亲的反对尤为激烈。一向乖巧听话的冉莹颖，人生第一次叛逆，她坚定地认准了这个幽默阳光的大男孩，下定决心要和他在一起。

做运动员的女朋友没有想象中容易，她曾经这样描述作为运动员女朋友的辛苦：我在北京求学，他在国家队集训；我毕业后冒雨找房子，他在南征北战不停歇；我挤着公交车看日落，他脚底磨穿数星星。就这样我们异地恋爱五年多，对我们来说，最重要的交流是写信和 QQ 留言（因为我们很难同时在线）……

为了备战 2008 年北京奥运会，邹市明甚至提出了半年内彼此不联系的要求。冉莹颖的朋友们都不看好这段恋情，还纷纷打趣道，他要是做了奥运冠军，就没你什么事了。

可冉莹颖没有放弃，她相信这个武艺高强的大男孩内心的善良和美好，她更相信他们的爱情。在这段没有音讯的日子里，有时候实在忍不住了，冉莹颖就偷偷写日记，还拿出邹市明的照片反复看，在照片背面写满想对他说的话。

遇到邹市明之前，冉莹颖从不相信飞蛾扑火式的爱情，也觉得为情所困、为爱抗争是不真实的。然而，在这段几乎被所有人都不看好的爱情里，她发现自己居然把小说中的爱情故事写进了现实。

爱一个人，就是无条件地相信他、支持他，永远和他站在一起。这种简单朴实的爱情观念，最终让冉莹颖和邹市明的爱情成为了传奇。

2011 年，两人的爱情长跑终于迎来了美好的结局。喜滋滋准备做新娘的冉莹颖，却又不得不面对丈夫要备战世锦赛而无暇分身的结果。最终，冉莹颖一个人筹备了婚礼，而邹市明只能短暂出席后又匆匆赶回训练基地。

一个人支撑的婚姻，贯穿了冉莹颖在拳王背后的十年。生育第一个儿子邹明轩时，丈夫也是踩着点匆匆赶到医院，甚至生育第三个孩子时发生大出血被医生下了病危通知需要亲属签字时，冉莹颖也是自己处理的。孩子生病发烧，情人节，家庭日……每一个需要丈夫分担的时刻，冉莹颖都是独自一人撑过去的。无数次她也对自己提出疑问，为什么非要过这样的生活？

2012 年伦敦奥运会，冉莹颖带着孩子们和公婆去伦敦观赛，在现场同观众一起为丈夫加油呐喊，当五星红旗升起的那一刻，当邹市明把金牌挂在儿子脖子上的瞬间，冉莹颖觉得过去的辛苦、忐忑、迷茫都变得祥和而宁静了。那一刻她突然意识到，邹市明不仅属于自己，还属于拳击。

2. 重启生活

从 2004 年获得中国拳击史上的第一块奥运奖牌，到 2008 年和 2012 年摘取两届奥运会金牌，再到转战职业赛场斩获"拳王金腰带"，邹市明用实力证明了自己"中国拳坛第一人"的历史地位。

这一路艰辛走来，离不开冉莹颖的陪伴和支持。

邹市明在获得伦敦奥运会金牌后，他本可以光荣退役，或在国家队出任教职。而彼时冉莹颖也早已从对外经济经贸大学经济系毕业，并且怀孕期间还攻读了北京大学光华学院的 MBA。她还曾担任《交易进行时》《公告质询》和《港股直通车》等财经节目的主持人，是一个能撑起自己世界的优秀女性。

正当她想要回归温馨的家庭生活时，邹市明决定放弃公职，去美国打职业拳击比赛。冉莹颖思考良久，最终被邹市明对拳击的热爱，对梦想的执著感动了，她想自己也算是拳击事业的一份子，便加入了这个梦想团队。孩子一岁大时，夫妻俩前往陌生的国度，从零开始重启生活。

到了美国，冉莹颖成了邹市明的经纪人、保姆、司机、翻译、按摩师，她学做饭，学着组装家具，学着重新适应生活。邹市明每天只需安心去训练，冉莹颖包揽了他训练之外的全部事务，为他营造了一个无人打扰的专业环境。

32 岁才开始转战职业赛场，这个年龄要做出改变，对邹市明来说无疑需要极大的勇气，毕竟职业运动员的黄金时期十分短暂，30 岁以后职业赛场的空间已经很有限了。受限于年龄，邹市明在职业赛场上走得并不是一帆风顺，2014 年他手部出现麻木状态，视力还出现了重影，之后在比赛中导致眼眶骨折，视神经受损，他们四处求医，冒着风险做了视网膜修补手术。

那天，是邹市明特别失落的一天，平时滴酒不沾的他破例对妻子说，我们喝一杯吧。他一饮而尽，看着妻子的眼睛说：要是万一我的眼睛看不见了，以后不能再打拳了怎么办？冉莹颖抱住丈夫，泪如雨下地说——还有我。

后来二儿子邹明皓出生时，冉莹颖保留了孩子的脐带和脐带血，以防万一。

2015 年邹市明第一次挑战"金腰带"，以点数惜败，他非常沮丧。冉莹颖安慰他，人生还有不同的选择，做不了拳王你还能做别的。她开始为丈夫的未来做规划，鼓励丈夫从另一个角度看待拳击，推广拳击，打造个人品牌，让更多人了解拳王邹市明，了解拳击事业。

有了妻子的宽慰，邹市明更加拼命训练，终于在 2016 年摘得 WBO 蝇量级世界拳王金腰带，完成了奥运会冠军、世锦赛冠军、亚运会冠军、全运会冠军、世界职业拳王的全满贯。

3. 推广拳击运动

拳台上，邹市明已经是无可争议的拳王。拳台下，他带儿子参加《爸爸去哪儿》，与妻子一起征战《舞林争霸》，与岳母参演《女婿上门了》，全家人共同录制《朗读者》……让人们见识到了一个游刃有余的"综艺咖"。

他的转型和跨界之举都出自妻子冉莹颖的手笔。"我想让他参加综艺节目，之前从运动员转型做艺人的田亮、李小鹏事业发展都很成功。市明也是奥运冠军，也有才艺，为什么不能试试呢？"

这些机会，是冉莹颖自己积极争取来的，她逐一拨打制片人电话毛遂自荐。"我真的是在给他铺路，让他尝试些新的角色，而不是为了我。我自己还是希望可以继续做财经节目女主播，完成最初的梦想。"相继参加了几档真人秀节目后，冉莹颖曾想让邹市明试水影视，"我觉得做运动员太辛苦了，也建议他接下来可以拍电影，参加综艺节目，参演电视剧也是兴趣所在。"

最初，邹市明对冉莹颖的这些建议非常抗拒，他的理想是"我理想的退役方式就是儿子轩轩站在擂台上，把我打败，我把金牌挂在儿子的脖子上。"

但是，要知道一个拳击手，要在一生中一次又一次地用脑部去承受180公斤重拳的击打，每一次击打带来的伤害都可能会在45岁以后反过来报复这具肉体。

也许世界想要一个拳击英雄，但是冉莹颖只想要一个健康的爱人。

她说服他，推广拳击也是对拳击事业的一种贡献，甚至比单打独斗更有力量，成为推广中国拳击的第一人，不也同样是令人热血沸腾的梦想吗？

冉莹颖深知没有永远的拳王，邹市明也不可能打一辈子拳，她决定为了拳王的后体育时代奉上一份大礼。

2018 年，在上海的黄浦江边，占地 18 000 平方米的邹市明搏击健身中心正式开幕了。办公区挂着"世界拳击理事会（WBC）大中华区"的牌子，而这个世界拳击组织中国区的主席不是世界拳王邹市明，而是冉莹颖。

在冉莹颖的大力推动下，他们在上海建成了以拳击为主题的综合运动中心，融合了训练、比赛、公益、餐饮、亲子和青少年教育等多元空间。推广拳击运动，培养拳击选手，让更多人了解和学习拳击，也为邹市明找到了新的方向。

无论是邹市明拳击事业上的开拓，还是跨界尝试多种改变，冉莹颖都功不可没。

4. 并肩作战

伴随着拳王邹市明跌宕起伏的拳击生涯，冉莹颖也经历了如过山车般的人生。在这趟两个人的艰辛旅程中，冉莹颖觉得自己能最终走向幸福，都是因为那份爱。

2016 年，她曾回到母校做了一个专题讲座，题目为《当代女性的独立和幸福》。面对女性在家庭和事业中的艰难平衡，她给出的答案是一个再简单不过的字——爱。

幸福有时候是需要做出选择的，冉莹颖在每个人生重要的当口，都是用爱来决定了方向。她在很多不合时宜的时刻，做出了貌似错误的选择，但是正因为源于内心真实的爱，她的无怨无悔和倾尽全力最终带领她走向了幸福的彼岸。

相恋时，她不顾一切地坚持，甚至在邹市明训练状态最焦躁的时候，提出23 次分手的那一年，不停地飞向他训练的地方看望他，抚平他内心的焦躁和痛楚。相爱时，她能一个人筹备婚礼，体谅丈夫的忙碌，安抚丈夫的歉疚。生产时，在异国他乡，她生下了不期而至的长子。

每一个没有丈夫可依赖的日子，她都咬着牙独自支撑下来。她能在事业顺遂时放下一切重新开始，也能在一败涂地时另辟蹊径扬帆起航。

她也像普通女人一样，有过焦虑和疲惫，有过反思和诘问，在那些一边兼顾家庭一边规划事业忙到连睡觉的时间都没有的日子里，她都是用爱作为信念挺了过来。她告诉自己：既然选择了他，就要支持他相信他，更要承受随之而来的麻烦和痛苦。

在《妈妈是超人》的综艺节目中，她单手抱娃娴熟地做家务的场面惊呆了观众，那双因为操劳而显得苍老的手，也令人们动容。

她的两个孩子因为栏目的热播被大众熟识和喜爱，懂事又乖巧，聪明又坚毅，看得出平时家教极好，性格阳光温暖，这些都是妈妈冉莹颖的功劳。

当邹市明在台上比赛时，冉莹颖在观众席里为他加油呐喊，为他飙泪。当他受伤流血时，她又是第一个冲到他身边，拥抱他，亲吻他，给他安慰。那些独自一人承受的艰难困苦，那些赛前赛后的殚精竭虑，那些辗转反侧的担惊受怕，她从没有对他抱怨过。

既然是自己选择的职业道路，自己选择的爱人，就要相濡以沫、并肩作战。"人生本来就是选择了什么就必须承受什么，每一个选择都会对应一个后果。"冉莹颖在不断地选择中经营着自己的人生——自己想要的人生。

一个知道自己想要什么的女人，无疑是强大的。

冉莹颖这一路走来，饱受了很多争议，她的打扮，她的高调，以及她为拳王筹谋的非常规发展路线，一度都让人觉得她是一个想借拳王名利出名的女人。然而走到今天，冉莹颖用自己的坚持和执著告诉世人，是因为爱，才会一步一个脚印地走到今天，也是因为爱，才愿意承受生活的压力和他人的非议。

爱当然也是相互的。拳王的重情重义也是冉莹颖义无反顾的原因，当邹市明在 2008 年北京奥运会称冠，大家都对他们的异地恋不看好的时候，邹市明用那块金牌做了冉莹颖迄今都觉得是最浪漫的事情——求婚。

当他在拳台上被击打得头破血流也不吭声，铁骨铮铮的拳王却在妻子面前流泪示弱。当外界都在质疑冉莹颖的时候，他力挺妻子，时刻都在公众面前表态——"她是一个有智慧的女人，没有她就没有现在的邹市明""与其说她是拳王背后的女人，我更愿意说，她是拳王前面的女人""我身边最强大的女人告诉我，不要哭，我听她的"……邹市明甚至多次表示对不起妻子，冉莹颖本来是一个独立优秀的个体，却为了他放弃了自己的轨道。

为了爱加入到对方的世界，在 27 年前她完全不懂拳击，但是现在却成为了中国拳击的领路人。冉莹颖说，感谢邹市明为我开启了一个全新的世界。

世界上最美好的爱情大概就是这个模样——我们是爱人，也是朋友，是亲人，也是战友，我们有共同的目标，也有着对彼此的爱与责任，我们互相扶持，我们彼此成就，我们共同谱写关于未来的传奇！

冉莹颖亲手为婚姻写下如此感言——我们不仅有肝胆相照的义气，还有不离不弃的默契，以及相濡以沫的恩情。

看着这一路备受争议如今幸福美满的一家人，我们才明白，世间所谓真爱，就是彼此投入时间的经营，倾尽全力的付出，用真心交换的真心。

如今的冉莹颖，拥有幸福的五口之家和蒸蒸日上的拳击事业，成为令人称羡的女强人。有朋友对她说，你终于可以停下来去享受人生了，不用再那么辛苦了。

但是，冉莹颖却说——人都会老去，我更愿意在奋斗中收获人生，我只想淋漓尽致地去爱，不留遗憾地去活，无怨无悔地去冲去拼搏，这就是我，无畏任何风浪，敢跌倒，敢爬起，敢战斗到底！

佘 诗 曼

一个女演员的柔与韧，勇与强

她身上的力道，除了"勇"，还有一份"强"，离开香港闯荡内地演艺圈时，她说走就走，勇气非一般女人可比，毕竟一切从零开始。她不介意自己不再是力捧的女一号，更多地注重角色本身的塑造。

佘诗曼来到《辣妈学院》做客，她一袭白色连身裤，青春俏丽，很难相信她已经 45 岁了。

16 年前，"宫斗剧"的开山之作《金枝欲孽》红遍大江南北，引发收视狂潮，一袭白衣的尔淳在陷落的紫禁城中，跟心爱的男人孙白杨诀别，转身离去时，她灵秀的眼眸中徐徐流下一滴深情而绝望的泪水，这个经典的镜头令观众深深折服于扮演者佘诗曼的精湛演技。

没想到时光更迭，佘诗曼在 14 年后再续深宫欲孽，又一次在宫斗剧《延禧攻略》中饰演了重要角色娴妃。佘诗曼通过眼神、表情、肢体语言、声调变化，将娴妃演绎得淋漓尽致，她的一颦一笑、一个眼神都充满了戏剧张力，堪称教科书式的表演。佘诗曼演活了这个悲剧女人的一生，每次她的出现都把剧情推向高潮，难怪编剧于正说，这个角色非她莫属。

当时有个广为流传的采访视频，记者问《延禧攻略》的几位主演，如果穿越回到古代去宫斗，你觉得你能活到第几集？女演员们都说，活不下去，应该半集就死了吧。只有佘诗曼气定神闲地表示："我应该可以活到最后，我的 EQ 可是很高的。"

凭借娴妃娘娘一角再度走红，绝非可以用幸运二字轻易带过。从港姐到演员，从青涩到成熟，从演戏新人到双料视后，佘诗曼的个人经历简直就是香港 TVB 电视台的一部女性励志片。

1. 从港姐到"双料视后"

情商高，一直是佘诗曼身上最闪亮的一张标签。1997 年，22 岁的她从瑞士留学归来，在妈妈的鼓励下去参加香港小姐选美。彼时青涩的女孩连化妆都不会，在佳丽如云的场合，她开始时表现一般，晋级之路并不顺利。后来因她的古装扮相十分出彩，意外成功跻身"五强"，本以为港姐之路就此止步，没想到在问答环节，她表现出的幽默机智令她大放异彩。

当时主持人让她用"丑"来形容一下旁边的对手，佘诗曼毫不迟疑地回答道——"我看过她以前的照片，确实没有现在这么漂亮，就像是一只丑小鸭，但是她经过努力瘦身变得美丽动人，令我非常钦佩。"此言一出，全场掌声雷动，最终佘诗曼夺得港姐季军，由此踏入了演艺圈。

香港的娱乐圈总喜欢在采访中引发出一股火药味，但是多年来佘诗曼面对媒体的提问，她总是特别坦诚。某年香港无线电视台台庆颁奖礼，佘诗曼是夺冠大热人选，记者问她想捧走"最佳女主角"吗？她坦诚地说："当然想。"连香港最犀利的娱乐记者都夸赞她聪明，查小欣还专门撰文说——在芸芸无线新扎师妹中，佘诗曼是最坦荡荡的，别看她娇娇嗲嗲的声线，以为她扭扭捏捏，跟她接触后，事事她都肯直接响应，而且言无不尽，是个具胆识和判断力的女艺人。

后来在一次访谈节目中谈到这个话题时，佘诗曼说："情商高是训练出来的。

小时候妈妈就对我说过，说话前要冷静地想一想再说，话一旦说出口就收不回来了，不要让他人受到伤害。所以从小我就有这种训练，不要冲动，不要伤害他人，不要伤害自己。到目前为止，我觉得我起码没有犯过大的错误。"

而这位从小训练女儿冷静坚强的妈妈，也是这样为孩子做出表率的，5 岁那年，佘诗曼的父亲不幸因车祸去世，当时怀着遗腹子的妈妈独自撑起一个家。这份坚强和隐忍，也造就了外表柔弱内在坚韧的佘诗曼。她在香港 TVB 的演艺之路其实并不顺遂，有被副导演拿剧本劈头盖脸地扔过，也有被导演指着鼻子骂过，她都默默忍耐下来，不是流泪示弱博取怜悯，而是暗下苦功，越是被人看不起越要逼自己做好，她骨子里有着那股不服输的倔强。

电视台见她古装扮相出色，力捧她演绎金庸剧《雪山飞狐》的女主角，但因为她非科班出身，演技稚嫩，声线娇弱，台词功底也不行，一度被观众嘲笑"鸡仔声"。那时候翻开报纸，关于她的报道大都是负面的评价，佘诗曼一度陷入迷茫，觉得自己演戏没有天分。但是，不服输的个性又燃起了她的斗志，为了提升台词功底，她每天都练气息、读报纸——"很大声读报纸，声音大到邻居都能听到。"半年后嗓子才慢慢开窍。

为了提升演技，她每天对着镜子琢磨自己的表情台词，并录下来反复揣摩，有时一天只睡两三个小时。在拍摄《帝女花》时，她的下巴受伤了，为了不影响拍摄进度，她坚持带伤上阵，最终在下巴上留下了一道疤。拍《火舞黄沙》时，她为了保护背着的小演员，自己磕掉了两颗牙齿。

就这样勤力苦拼了几年，佘诗曼的演技在 2000 年播出的剧集《十月初五的月光》中终于得到了肯定。那是她第一次剪短头发，演一个假小子似的开朗少女。这部戏在香港地区热播，成为了当年的收视冠军，她也被票选为当年香港 TVB 电视台 "我最喜爱的角色" 之首。佘诗曼和张智霖还在年尾的香港 TVB 电视台颁奖典礼上获得了 "我最喜爱的拍档" 的殊荣，实属众望所归。

正是从这部戏开始，佘诗曼爱上了表演，"用心演戏真的会有回报"。她的演技也逐渐开窍，不再是单一的柔弱或者活泼，而是逐渐有了更深的层次和张力。

《倚天屠龙记》《帝女花》《洗冤录 2》《西关大少》等剧集，佘诗曼都交上了让人满意的答卷，她更是在 2004 年的《金枝欲孽》中大放异彩。到 2006 年，是佘诗曼出道的第九个年头，已经没有人会再去质疑她的演技。她凭借《凤凰四重奏》成为了香港 TVB 史上首位 "双料视后"（我最喜爱电视女角色和最佳女主角奖），成为香港 TVB 当之无愧的 "大花旦"。

2011 年，佘诗曼和香港 TVB 的合约到期。为了寻求突破，她北上拍戏，出演了《带刀女捕快》《嫁入豪门》《建元风云》等剧集，但是水花并不大。2014 年，香港 TVB 邀请她 "回巢"，和林峰、苗侨伟搭档出演了《使徒行者》，她花了很久的时间思考如何饰演《使徒行者》里的丁小嘉。"那是我回香港 TVB 拍的第一部戏，我要把那个角色演活，我想让她有一百倍的生命力。"佘诗曼在采访中这样说道。为了演好这个角色，她再次回到最初试镜《雪山飞狐》前的状态，在家里演给自己看，一遍遍尝试方式和分寸。

天道酬勤，这部港剧也成为了当年香港地区本地收视冠军，并在内地引发关注。凭借着出色的演技，佘诗曼又一次成为当年的"双料视后"。这次获奖已不似上次那样激动，她淡定地站在台上，手持着奖杯自信地说："我会继续努力，做得更好。"这句简单的话，其实是佘诗曼一直身体力行的座右铭。

这份坚持和执著，最终让她达到了"热爱"的至高境界。佘诗曼说，"演戏已经不再是我的职业，而是我的生命。"

2. "港女" 精神

在佘诗曼身上，尤为可见"港女"精神，个中精髓就是一个"勇"字，无论面对事业还是爱情，都倾尽全力，勇往直前，那份清爽利落，那份独立清醒，是女孩们的榜样，更是独立女性的代表。

谈到对独立女性的看法，她淡然地说道，"不要过于依赖他人，遇事能自己处理。也无需标新立异做些惊天动地的大事，每个独立女性要学会爱自己，了解自己，发出自己的光芒就是最美的闪耀。"

媒体刻薄地评价她老了，她只是淡然一笑——是人都会老。媒体踩她中年只能演配角，她依然不动声色——我只看重角色本身。有人称赞她情商高会说话，殊不知这是一个女演员脚踏实地的努力后的底气。《延禧攻略》热播时，记者问她此剧最大看点何在，想诱导她讲些吸引眼球的话题，然而她只是笃定地说——有我。

想在娱乐圈长青，最终要用演技和作品说话。自从来到内地发展，她的敬业也体现细节方面，每天练习说普通话，定期请老师指导发音，沉下心来学习。"乐观，冷静，认真"这是佘诗曼对自己的评价。静下心来雕琢自己的演技，不停地提升自己，不放弃自我，分得清轻重缓急。

在佘诗曼身上，看不到中年的无力感。她身上的力道，除了"勇"，还有一份"强"，离开香港地区闯荡内地演艺圈时，她说走就走，勇气非一般女人可比拟，毕竟要一切从零开始。但她不介意不再是力捧的女一号，更多地注重于角色本身的塑造。她对自己的要求不再是一个女明星，她更愿意做一个女演员，一步一个脚印地成长为艺术家。

佘诗曼的这份笃定和睿智，大概在她入选港姐的最初就可见端倪了。排名季军的她兢兢业业地履行港姐的职责，从签约香港 TVB 电视台从小角色演起，兢兢业业走到了今天。并且，凭借片酬和投资，自己成为了豪门。

有的女孩子爱走捷径，殊不知每条捷径后面都被标注了价格。中年没有危机的女人，其实都是年轻时用血泪打拼出来的现世安稳。

如今，佘诗曼依然保持着单身的状态，优哉游哉地过着自己想要的生活。这些年来真真假假有过不少绯闻，但是人来人往，她依然脚踏实地地朝着自己的目标前行。爱情是可遇不可求的，婚姻也非必需品，只有做好自己的那份工作，供好自己的那层楼，才是稳妥的、安全的——她一直都是如此清醒。

佟 晨 洁

超模的爱情不太冷

"两个人在一起，就是要给对方幸福和支持，所以千万不要忽略身边最亲密的人。当他需要你走出自己的舒适区，进入他的世界去感受他时，这也是增进感情、保持婚姻新鲜度的有效方式。"

佟晨洁是地地道道的上海姑娘，她作为超模走向国际 T 台时，在上海已尤为知名了，毕竟当年的南京西路、淮海路到处都挂着她的巨幅海报。

上海姑娘娇娇嗲嗲的刻板印象，在佟晨洁身上一点也找不到，1.75 米的身高和超模的高级脸，让这个上海姑娘不笑的时候，有着一副生人勿近的冷峻感。出道以来，佟晨洁一直被看作"非典型美女"，细长的眉眼，丰厚的嘴唇，精致鲜明的轮廓，这张极具塑造力的脸被时尚媒体评价为"比舒淇更东方，比于娜更西方"。

也难怪她不到 20 岁就盛放于 T 台，代表中国模特走向了世界；年仅 24 岁便入选了福布斯中国名人榜；拿下巴黎欧莱雅的代言，成为《VOGUE》中国创刊号的封面女郎；随后更是一鼓作气进军主持界和演员界，佳作不断，好评如潮。

超模的世界，在人们心中有一种别样的魅惑；超模的情感，更是丰富了大众的想象。佟晨洁首次在《辣妈学院》中披露了和丈夫魏巍的情感世界，她在爱情里的执著，婚姻里的包容，都大大刷新了我们对超模的认知。

佟晨洁给了我们一个新鲜有趣的范本。在她的婚姻体系里，我们看到了一个成熟女人如何用她的睿智引领婚姻走向更美好的未来，也看到了一个女强人如何在婚姻中恰如其分地做小女人。在佟晨洁看来，经营婚姻的秘籍，有时是共同成长共同进步，有时也需要求同存异殊途同归。

我，
无与伦比

× 161 ×

佟 晨 洁
超模的爱情不太冷

1. 走出舒适区

湖南卫视主持人魏巍毕业于中央戏剧学院，身为演员的他误打误撞做了热门综艺节目主持人，这个来自哈尔滨的东北小伙性格幽默开朗，而佟晨洁的个性则比较沉稳内敛，初次见面，性格迥异的二人并没有擦出爱的火花。慢慢的大家熟稔了起来，彼此发现了对方有很多相互欣赏的特质，两颗心慢慢开始靠拢。

没想到他们的恋情被朋友们普遍认为不靠谱。被朋友们昵称为 KK 的魏巍有点大男子主义，而佟晨洁一向是独立女性，小小年纪就闯荡过欧洲，并非 KK 心目中那种能为男朋友叠袜子的温暖牌女友，这样的两个人，哪里能进入婚姻呢？

在 2014 年的"双十一"，两人在上海注册结婚了，KK 高兴地在微博上晒出了自己的结婚证——"从今往后，你就是我的佟掌柜，我就是你的魏小二，爱你，用余生，慢慢地，静静地，淡淡地爱你。"随后佟晨洁也转发了这条微博：今天是掌柜和魏先生开始新生活的好日子，掌柜一直都相信爱情，相信婚姻！感谢我们的勇敢，感谢我们的赤子之心。双十一抢拍到你，用了一生的运气，有你相伴，再无所畏惧，爱你！

婚后的生活中，性格迥异的两个人果然有不少摩擦，每次吵架，意想不到的都是佟晨洁主动认错。高冷的佟掌柜，在婚姻里并非扮演一个小心翼翼的小媳妇角色，睿智的她很明白，要等一个大男孩成长，需要时间和耐心。

为了让 KK 没有后顾之忧，佟晨洁还主动做了婆媳关系的破冰者。身为长沙美食节目主理人的婆婆非常爱好美食，佟晨洁每次飞往国外，就买各种各样好吃的零食寄给婆婆，还担心婆婆身体，给她买保健品，知道婆婆爱美，还送她护肤品和化妆品。佟晨洁笑言，"拉近女人之间的关系，最好用的方法就是送礼物。"

婆婆每次来上海，佟晨洁都亲自下厨，让婆婆只管在家欢快地跟朋友们打麻将，自己则扮演贤惠媳妇的角色。日久见人心，很快婆婆就成了佟晨洁的好队友，KK 偶尔出去应酬，婆婆还要在一旁帮佟晨洁提醒他，要他早点回来。

提到婆婆这些可爱的小细节，佟晨洁笑得眼睛都弯成了一道月牙，她说，"其实婆媳相处最重要的就是真心换真心。"想了想，她又说，"两个人在一起，就是要给对方幸福，支持对方，所以千万不要忽略身边最亲密的人。当他需要你走出自己的舒适区，进入他的世界去感受他时，这也是增进感情，保持婚姻新鲜度的有效方式。"

佟晨洁的努力，KK 看在眼里，感动在心里。他说，我脾气有点急，但是每次她都让着我，安抚我，我也很后悔自己当时的态度，所以就暗下决心下次一定不要再发脾气。现在的 KK 不但处事更温和，相处更融洽，还学会了分担家务。佟晨洁对 KK 的进步很满意，她说："我们上海男生做家务很普遍，但是我觉得，彼此成长环境不同，婚姻模式还是应该南北结合。劝老公做家务不能用命令的口吻，最好连哄带劝。"婚姻就是这样，前面的人肯用心引导，后面的人肯亦步亦趋，这样才能走出感觉，走出默契，走完这条和谐的婚姻之路。

2. 夫妻是最好的朋友

佟晨洁是个极其自律的人，她每天健身打卡，做健身餐，坚持学英语，还在网上报名了学习班。

KK 说，她对我影响特别大，因为她那么努力，让我都不好意思懈怠。有时我们一起健身踩单车，我感觉都快没劲儿了，但是看到她还那么用力向前，我便不好意思慢下来。夫妻只有共同进步，才能一起成长。

2019 年 KK 第一次担任出品人，制作并主演了一部悬疑片《艾特所有人》。这是一部聚焦国内人工 AI 智能技术的软科幻悬疑电影，原创制作，没有跟风网络电影的主流题材。KK 不但在剧中展示了自己的精湛演技，还参与了部分剧本创作，作品聚焦生与死的故事，有笑有泪，颇有深度，影片还在戛纳电影节亮相，引起了国际媒体的关注和报道。

有份参与演出的佟晨洁，非常为 KK 骄傲，她夸赞老公演技好："他对我产生吸引力的就是演技，这和他平常做人的态度很像，那就是真诚。魏巍在镜头前表达的都是真情实感，所以演员本身的演技是一部分，为人处世的价值观和世界观也是很重要的。"

其实比电影更吸引佟晨洁的，是那些和 KK 一起筹备电影，研究剧情的日子。某个畅聊的深夜，沉浸在个人创作中的 KK 突然感慨道——真好，我们是夫

妻，但也像伙伴，像师生，像朋友，我们便是最好的朋友。在那个深夜，两个聊不完的人一起喝了 1.8L 清酒，带着惬意的微醺聊了整整一通宵的电影和人生。

次日醒来的清晨，看着温暖的阳光从窗外照了进来，佟晨洁想，最好的爱情应该就是这个样子吧。

Chapter 10

唐　　　笑

_____

我没红，也没什么
可惜的

她目标明确，既不妄自菲薄，也不好高骛远，只是脚踏实地
朝着目标前进，即使没有成为大众眼里高不可攀的巨星，或
者是令人眼红的流量王，她还是成功的，值得敬佩的，因为
她已经是一个主动把握了自己命运的人，她努力得到了自己
想要的生活。

1. 金钱

2020 年初，一则"吸睛"的新闻标题《直播间卖飞机》引起了网友们的关注——2006 年因为《超级女声》而被大众熟识的歌手唐笑在直播中连线自己的朋友拍卖一架直升机，经过 1441 轮出价后，被浙江一位客户以 273.2 万人民币的价格拍了下来。

这场卖飞机的直播秀，让"万物皆可播"的概念逐渐传播开来。直播卖货正影响着国人的生活方式和思维方式，很快直播界的当红主播薇娅，也开始在直播间卖火箭了。

《超级女声》已过去 14 年了，但这个当年堪称造星工厂的王牌选秀节目，其影响力依然是巨大的。唐笑并不避讳"超女"这个标签，她甚至直言，在她直播间打上"明星唐笑"远远比不上"超女唐笑"带来的点击率高。

做客《辣妈学院》，唐笑坦然地谈起卖飞机那件事只是个噱头而已，身为艺人的她坦荡而真实地表达了自己对金钱的看法。当年作为音乐学院学生的唐笑，商演时因竞争对手入围了《超级女声》杭州赛区 50 强，因此出场费高出自己数倍，不服气的唐笑便立马报名参加了 2006 年的《超级女声》比赛，结果一举夺得杭州赛区第二名，全国第九名的好成绩，出场费也成倍上涨。

告别"超女"的赛场，唐笑铆足马力参加各种演出，一同参赛的姐妹们有时觉得某些商演水准低，不愿意接，只有她来者不拒。最多的时候一个月跑足 28 场，累得连日在商务车上过夜，那时候她就想，一定要努力实现财富自由。

时隔十多年，再次活跃于公众视野的唐笑，总是跟"嫁入豪门""直播卖飞机""投资爱马仕"等财富标签挂钩，一次次触动大众的神经。但唐笑始终以真实、坚韧、坦承的心态来面对一切质疑和诘问。

有人质疑她整容，她坦承地说，我有改进自我的选择和资本，这不是很正常吗？她甚至还跟粉丝分享自己打瘦脸针造成脸僵的经历，这份真诚收获了不少好感。还有人质疑她买奢侈品的虚荣心，她倒是回答得很坦荡，这是一种硬通货投资，这不丢脸。而关于她"嫁入豪门"的说法，她也很有底气，我确实嫁得不错，但这不是因为我老公有钱，而是我找到了一个势均力敌的战友。

不得不说，再次回归在大众视野的唐笑，有着一种有底气的通透和豁达。

2. 直播

在大众记忆中，唐笑还只是个唱跳双栖发展的艺人，殊不知她现在已经转型成为淘宝主播。

自从 2013 年结婚生子后，她就淡出了演艺圈。打开她的社交网络，俨然时尚博主、旅游达人，晒着在世界各地旅行的美图，生活安逸而幸福。直到有一天，三岁的儿子天真地对她说，妈妈，我长大了也要成为你这样的人。唐笑问他，你觉得妈妈是什么样的人呢？儿子认真地回答——每天吃饭，睡觉，玩儿……

和儿子的对话突然让唐笑回想起当年奔波演出的辛苦，为了攒钱买房不舍得花钱的日子。也许是为了重塑自己在儿子心目中的形象，也许是为了以身作则为孩子做出榜样，更多的也许是内心深处奋斗的激情，唐笑决定重出江湖。

2020 年 3 月，唐笑正式入驻电商直播，成为了一位明星主播。先生也非常支持她，并从公司里抽调人手组成了一个小团队。直播比想象中辛苦很多，唐笑的排期满满当当的，每周要播四五场，有时候三天连播，从下午 1 点开始整理商品资料，从晚上 8 点直播到 12 点，结束后立刻开复盘会，常常忙到两三点还不能睡觉。

有人扬言她撑不过三个月，但是她和团队慢慢积累一做就是半年，曾创下单场销售额一千多万元的佳绩，"双十二"期间在众多明星主播里冲榜成绩位列第一，一扫以往的女艺人形象，成为备受粉丝和商家喜爱的淘宝带货女主播——"笑姐"。

对于直播，唐笑秉承着过去商演时的动力和执著，全力以赴，直到自己满意。至少儿子看到她忙碌的身影，终于明白了妈妈的人生不是只有享乐二字。

但是她没想到直播最有成就感的事居然并不是赚钱。前不久，唐笑收到了农业农村部办公厅的一封感谢信，感谢她在"国际茶日"活动期间为茶农做推广。这封感谢信给了唐笑很大的触动和激励，她在微博中写道："直播带货让我看到了我的个人价值，通过助农直播让我找到了自己的社会价值，帮助别人远比自己获得更快乐。"

3. 梦想

每年的"双十一"，是淘宝商家最重要的一天，也是淘宝主播最忙碌的一天。但是 2020 年的这一天，却是唐笑最艰难的一天。在开播前的最后一刻，她收到了来自电视台的通知，因为当年的"那件事"，她的名字从某知名综艺栏目嘉宾名单中剔除了。

"那件事"就是轰动一时的"唐笑掌掴事件"。在那个互联网刚刚兴起的年代，这一谣言借着几张照片和一些添油加醋的文字迅速发酵，其中不乏诸多失实报道。

而事实是，当年 20 出头的唐笑和不到 20 岁的武警战士因误会发生了口角。那次演出，因为艺人们都没有证件，全靠工作人员带进带出。休息时，出去取外卖的唐笑发现外面全是粉丝，为了不引起恐慌，她当时第一反应就是往回跑，门口站岗的武警战士顿时高度紧张，误以为是哪个疯狂粉丝，赶紧制止。慌乱中唐笑一个趔趄摔在地上，委屈尴尬之余一回头看到这副狼狈相被粉丝们拍了下来，情绪激动下，二人理论起来。

就是这个瞬间被网友拍下来传到了网上，经过各种编造和发酵，便有了各种不同的故事版本。事实上，两人并无太多口角，很快就随同工作人员到了休息室讲明原委，还在双方领导的见证下互赠了鲜花赔礼道歉。

面对着恶意的污蔑和抹黑事实，唐笑承受着巨大的压力，从开始的不理会到最后实在不能默默承受痛苦，她决定勇敢地站出来。2020 年 8 月，她把那位武警战士请到了自己的直播间。在那场退役军人公益直播里，这位武警战士带着他的退伍军人证，还有当时两人和解后唐笑送他鲜花的现场照片，出现在直播间。两人一起拼凑完整了那一天的回忆，说起因此事而承受的委屈和伤害，唐笑数次落泪，网友们也纷纷鼓励她勇敢向前。

回看这些年的过往，唐笑说，"也许这就是成长的代价吧，经过了这件事，我个性中的急躁成长为如今的沉稳。抗得下委屈是一个人成熟的重要标志，还好我摔倒得早，道理也明白得早。这个挫折对我而言确实是一种成长，尽管过程很疼。"

离自己当年出发的时刻，已经过去十几年了，超女们的故事起起伏伏，暗流涌动，大众依然乐此不彼地关注着这场不会落幕的人生悲喜剧。

如今，唐笑的坦荡务实和精明的商业头脑都给大众留下了深刻的印象。她目标明确，既不妄自菲薄，也不好高骛远，只是脚踏实地朝着目标前进，即使没有成为大众眼里高不可攀的巨星，或者是令人眼红的流量王，她还是成功的，值得敬佩的，因为她已经是一个主动把握了自己命运的人，她努力得到了自己想要的生活。

唐笑说——我没有红，也没什么可惜的。

唐　幼　馨

"瑜伽提斯"创始
人的终极修行

"我觉得我最大的收获不仅是身体的康复，同时也调整了自己的价值观和做事态度，以前的我好胜、爱拼，不给自己留余地，对自己对他人都会造成伤害。而现在的我终于修得不争、不求、不妄念，享受每一个当下，更能安守平凡，脚踏实地"。

· 瑜伽提斯创始人；

· 美国 UIW 运动管理硕士；

· 美国瑜伽联盟 RYS 国际认证首席师资培训官；

· 美国瑜伽联盟孕妇 RPYS85 瑜伽首席师资培训官；

· 阿迪达斯 ADIDAS 签约推广大使；

· "台湾体育大学"运动保健讲师；

· "台湾戏曲学院"身心学讲师；

· 已出版十八部瑜伽提斯专业书籍和音像 DVD；

· 多档电视栏目特约嘉宾，女性身心灵导师；

· 林志玲、大小 S、蔡依林等艺人的专业滋养减龄瑜伽教师。

采访唐幼馨之前，已经被她的简历弄得有点眼花缭乱，而最让人不可思议的，
是她曾经被医生宣判下半生要在轮椅上度过，之后通过锻炼竟然痊愈的奇
迹。

想象中，她应该是个饱经沧桑的女人，但是见面时却倍感惊讶，1979 年出
生的幼馨虽已经年过不惑，却生着一张娃娃脸，拥有少女般紧致玲珑的身段，
而且她还是两个男孩的妈妈。

事业成功，婚姻幸福，逆龄美貌……唐幼馨的人生令人称羡。其实，每一
个完美的故事，背后都有它的曲折和离奇。唐幼馨说，其实，我也经历过
沧桑。

1. 创立瑜伽提斯

幼馨在 4 岁时便开始了自己的舞蹈人生。一直习舞的她，立志成为最优秀的舞者。而舞者的人生，就会培养舞者的性格。她说，我每天都想超越自己的极限，艺术就是一种极限运动。你想要跳好、跳得更好，成为聚光灯下的唯一，除了下苦功，比别人更努力以外，别无他法。

为了成为最好的舞者，她刻苦训练，由于运动强度过长，勉强拉伸，长期腾空跳跃的重力导致膝关节严重受损变形，天气一有变化就浑身酸痛，甩腰的动作让她的腰部长期隐隐作痛，有时候一吸气，刺痛感从胸腔直传至脑门。为了追求艺术的极致，勤奋苦练的唐幼馨全身都是伤。高中时曾一周六天连续求医，中西医轮番求治，打针、推拿、电疗、超声波……年轻的她，每天与伤痛作战。即便如此，她依然忍痛坚持舞蹈训练，直到 18 岁那年，医生发出最后通牒——你要是再继续跳舞就会瘫痪。戛然而止的除了舞蹈，还有梦想。

谈起这段舞者生活，唐幼馨说，"在追求超越极限的时候，我们也应该明白我们是有极限的。当我明白这个道理之后，我便接受了必须离开我深爱的舞蹈这一现实"。

带着对未来的迷茫和惆怅，还有一身的伤痛，幼馨去美国攻读运动管理硕士，她的初衷就是想学习创伤后的修复方法。她想，也许在那里可以找到治愈自己的方法。

可惜，治疗并没有太多的突破。但是念念不忘必有回响，偶然，一本二手书店里的旧书吸引了她——封面上舞者的姿态是那么美。没想到这正是幼馨苦苦追寻的疗伤秘籍，书中所写就是第一次世界大战后专门用来治愈伤员病痛的方法，它就是彼拉提斯。彼拉提斯原名为 Contrology，本意就是控制学。学会对身体的控制，找到身体的平衡，有意识的肌肉练习可以帮助人加强意志，减轻压力，从而抑制痛楚，舒缓身心。

这套伤痛复健运动一下子打开了幼馨的灵感大门，很快她便投入到彼拉提斯的研究中，边研究边练习，以主动的肢体运动修复了当年习舞时留下的伤病。

"后来，在我去世界各地遍访名师的过程中，我发现了古印度传统养生瑜伽，它包含了身心灵与天地万物合一的理念，强调的是身随心动，意念与动作的融化。"当瑜伽遇见了彼拉提斯，就像牛奶遇到了巧克力，它们是那么融洽，那么和谐，而且适用范围那么广阔。幼馨骄傲地说，我就是这样创立了自己的瑜伽提斯。

2. 疗愈自我，惠及他人

创业的过程有笑有泪，有苦有乐。唐幼馨回忆道，"刚开始创业时，我几乎每天都忙到凌晨，困了就睡在工作室，这样的日子差不多过了五年。有一次太累了，洗完澡吹头发时居然睡着了，忘了拔掉吹风机插头，结果被浓烟呛醒，工作室发生了火灾，我后背的衣服都被烧焦了，真是超级狼狈爬出了教室……"就是这般艰苦，唐幼馨慢慢把工作室做出了名气。

最让幼馨感到骄傲的是，她的爸爸不久后突然中风，通过她的所学为爸爸进行肢体复健后，居然奇迹般康复了。在幼馨的新书《一天十分钟养命瑜伽提斯》发布会上，唐爸爸不但亲自来加油，还现场为读者进行了瑜伽表演，令现场的媒体记者和读者们既惊喜又感动。

在不断丰富瑜伽提斯疗愈内容的基础上，唐幼馨还创立了台湾地区瑜伽提斯协会，培养优秀教师，大力将优质的康复功能推广给残障人士、老年人，以及身体出现各种状况的亚健康人群，让更多的人拥抱健康，远离痛苦。有位饱受失眠困扰的王女士是电视台的高管，曾为了能通过运动改善睡眠和心境，尝试了很多种运动，如打高尔夫、冲浪等，但仍因并不适合自己而身心俱疲，后来慕名参加了唐幼馨的瑜伽提斯课程。

当幼馨调暗工作室的灯光，点上精油蜡烛后，氛围开始改变。身心合一的旅程开始后，这位王女士收获颇丰，不但入睡变得香甜，心境也变得气定神闲。

唐幼馨说，现在人们的生活节奏太快了，身心难以得到片刻的宁静，通过瑜伽提斯的练习，我们将身体和心灵连接起来，由内而外地感受真正的自在和愉悦。同样适合于职场人群的瑜伽提斯，使幼馨得到了很多企事业单位的青睐，还获得了不少电视台栏目的邀约，她的瑜伽提斯很快得到了传播，受众颇广。

"我觉得我最大的收获不仅是身体的康复，同时更调整了自己的价值观和做事态度，以前的我，好胜、爱拼，不给自己留余地，对自己和他人都会造成伤害。而现在的我终于修得不争、不求、不妄念，享受每一个当下，更能安守平凡而脚踏实地"。

她平静而笃定——"未来，我希望能用自己毕生所学帮助更多的人。"

曾经的唐幼馨，凭着年轻时的一腔热血及要扬名立万的野心，因盲目和激进换来了一身伤病。但她没有向命运屈服，靠着自己坚韧不拔的精神，开创了属于自己的美丽人生，尤其是在她寻得"武林秘籍"之后，不但有了上乘功夫，还修得了侠之风范——疗愈自我，最终也是为了惠及他人。

万　蒂　妮

不走捷径的人生，
反而收获更多

万蒂妮想起自己童年、少年时期认识的女性楷模，想起这些
慈爱的长辈们，她们在繁重的公务中如何平衡工作和生活，
她其实早就有了自己的榜样，希望此生不会因为虚度年华而
悔恨，也不会因为碌碌无为而羞愧。回望过去，万蒂妮这样
总结——不走捷径的人生，反而收获更多……

去采访万蒂妮的那天，上海气温骤降。推开咖啡厅的大门，迎面而来的万蒂妮本人跟店内的温度一样，温暖又舒适。她穿着一件卫衣，几乎素颜，特别引人注目的是她的眼睛，亮闪闪的，注视你的时候，扑闪着带着一点好奇，像个孩子一样的纯粹。

万蒂妮的年轻不仅体现在面容、皮肤、眼睛，更来自于她柔软的神态和开放的姿态，她敞开自己，毫不设防地像个孩子一样信任这个世界，这是她最年轻，也是最吸引人的地方。

1. 家训

作为上海最受欢迎的主持人之一，万蒂妮的家世背景常常被人谈论。但她自己很低调地回避着这些长辈的名讳，一方面是因为不想被人说成靠着家族背景才走到了今天，另一方面是因为万家的家训："勤奋、读书、诚实、节俭、和睦、助人、感恩、立志"。这凝炼隽永的八个词，刻在红木牌匾上，挂在客厅最醒目的位置，那是万蒂妮从小到大仰望最多的地方。

提起家里成就斐然的长辈，万蒂妮格外尊敬，她说，"我成长的过程中，几乎都是同优秀的女性们在一起，她们每天都有繁忙的工作，但是她们同样会读书、养猫、种花、喝下午茶，享受生活。我被她们工作时的刻苦打动，也被她们闲暇时的欢乐感染，这对我今后的生活态度有了很大的影响。"

祖辈们对聪明伶俐的妮妮非常喜爱，但却从不溺爱，平时家教严格，规矩也有很多，希望子孙不忘先辈的光荣勋业，也不忘前辈的清贫道德。这份革命之家的家教和门风，不知不觉渗入了万蒂妮幼小的心灵，在她走上社会选择自己的人生之路时，家训里的立志和勤奋成为她做人的准则。

17岁那年，万蒂妮独自一人从北京到上海读书，这个改变她人生轨迹的决定，其实是一次误打误撞的巧合。

某天，妮妮的妈妈在报纸上看到了上海戏剧学院招考主持专业的消息，便问她愿不愿意去试试。万蒂妮抱着初生牛犊不怕虎的闯劲，就去了招考现场，当被问道为什么要报考主持这个专业时，没想到她老老实实地说——我想考到上海来，这样就能照顾我的外婆，因为是外婆从小把我带大的。这份真实和淳朴感动了招考老师，因为做新闻最需要的就是真实，做主持人也需要传递这份真善美。

拎着一只硕大的枣红色皮箱，万蒂妮就开始闯荡大上海了。一到上海，她就被沉重的现实打击了——虽然考上了上戏，但学校有一年的甄别期，要是这一年不能通过考核，就得做好退学的准备。

在北京军队大院长大的万蒂妮，不爱红妆爱武装，对于形体训练，唱歌练声一窍不通。而且，她在人前稍显羞怯的性格，也成了主持人道路上的障碍。

那一年，是万蒂妮第一次尝到生活艰辛的一年，也是她快速成长的一年。为了能赶上其他同学，她每天跑到自习室独自苦练，还用摄像机把课程拍下来，反复观摩练习。远在北京的父母，也通过电话或视频来鼓励万蒂妮，希望她从龟兔赛跑这样简单的小故事中参透人生赛道的关键——不是起步的快慢，而是恒久的努力和坚持。

这个简单的道理，一直贯穿了万蒂妮以后的人生。不管遇到什么困难，不管遭遇怎样的挫折，她都会想起初到上海那一年自己的努力和坚持，就会带着这份初心，饱满地投入生活。

功夫不负有心人，最终顺利通过甄别期的万蒂妮，当年还得到了院长的钦点，获得了"最快进步奖"，当时她激动得哭了，老师话音未落，她已经冲出教室给爸妈打电话报喜去了。

四年大学生活，她循规蹈矩，好好读书，在别的同学忙于寻找实习机会的时候，她依然认真扎实地打好基本功。从班上艺术科目成绩最差的学生，到毕业时获得了"最佳论文奖""最佳优秀毕业生"，万蒂妮说，没有捷径可走，就是坚持不懈地去努力，脚踏实地地去坚持。

如今身为东华大学研究生导师，上海复旦大学视觉艺术学院导师，上海戏剧学院考试委员的万蒂妮，在带主持专业的学生时，都会以自己为例，劝那些心浮气躁急于求成的年轻人，认认真真读书，安心完成学校的功课，尊重老师的教诲，做一个脚踏实地的人。

2. 事业

毕业后的万蒂妮决定留在上海，这座高速发展的大都市所展现的蓬勃生机吸引了她。

"我是北京人，出生在上海，上海是一座契约化程度非常高的城市，享受公平自由竞争，在这里，无论你是什么样的背景，只要肯拼搏，都能找到属于自己的位置。"

她拒绝了家族长辈们想要给予的帮助，从电视台的一名实习生做起，端茶送水，随叫随到，凭借自己的天赋和努力，慢慢崭露了头角。到了 2002 年，她已经是东方电视台的当红主持人了，同时主持四档节目，连轴工作，甚至三天两夜都没睡过囫囵觉，见到床都觉得异常幸福。

谈起工作中的艰辛和困难，含着金汤匙出身的万蒂妮没有一点娇气和矫情，她说，我是个很怕给别人带来麻烦的人，如果因为我个人的原因导致拍摄工作进度迟缓，我就会非常内疚，所以我特别能忍耐能吃苦。

她笑着讲起了一次录节目的经历，节目中需要主持人亲自去体验各行各业的辛苦，结果分配到她的工种居然是掏大粪，万蒂妮二话没说就答应了。拍到最后，反倒是制作人看不过去了，给她换了一个按摩店员的工作。

在大沽路的一家小门店里，万蒂妮虚心接受了按摩师的培训，勤勉地开始工作，一直坚持工作到晚上 10 点钟，手指头都快不听使唤了，但还有客人抱怨她力气不够，还有一些有脚气的客人把一双破皮流脓的脚伸到她手里，她都忍耐着，赔着小心，尽量让客人感到满意。

万蒂妮说，"我们这个行业虽然看上去光鲜亮丽，其实也有很多不为人知的苦楚，我曾经在上海的菜市场里一边流着眼泪一边给牛蛙剥皮，还在摩洛哥的沙漠里中暑到虚脱，也曾在尼泊尔录跳伞节目差点摔死，还在奇旺森林公园拍鳄鱼的时候差点被吃掉……"

事业上越努力越勤奋，万蒂妮越来越受到观众喜爱，知名度也不断上升。她主持了很多档热门节目，如《中国达人秀》《全家都来赛》《妈妈咪呀》《舞林大会》《劳动最光荣》《家庭演播室》《万万看不懂》《新娱乐在线》等，还担任了《中国正能量》节目导师，《中外家庭戏剧大赛》的评委，参演了话剧《等爱的女人》《霓虹灯下的哨兵》《奥赛罗》，一度开启了自己的"霸屏"时代。

各种荣誉也接踵而来，她被评为先进工作者和精神文明标兵，所主持的节目获得"全国工人先锋号"的殊荣。她还是上海电视代言人、上海旅游形象大使、上海交通形象大使、上海大爱无疆获得者，在 2010 年她还获得了广电总局年度播音主持大奖。

3. 生活

连轴转的工作节奏，一度让万蒂妮停不下来。从《动漫情报》《东方新人》《音乐前线》《Channel V 第一现场面对面》《MTV学英语》《天地英雄校园行》《新娱乐在线》《申花周刊》，到《中国达人秀》《全家都来赛》《妈妈咪呀》《家庭演播室》《加油80后》以及《舞林大会》《劳动最光荣》《笑林盛典》，再到《看天下》《万万看不懂》《侬最有腔调》《疯狂的冰箱》，从周播到日播，每天的工作量都排得满满的。

万蒂妮说，"卸掉那些所谓的背景，我跟所有'沪漂'一样，为事业打拼，为买房攒钱，为未来拼尽全力。我很想知道靠自己的一双手，我可以赢得怎样的未来。"她笑着慨叹："我的人生就像穿上了红舞鞋，一旦跳起来便停不下来了，即使内心想停，那双鞋还在跳舞呢！"

39岁那年，万蒂妮生下了女儿小麦兜。她怀孕九个多月时还一直坚持工作，生完孩子一个多月后，就又重新回到了工作岗位。有了孩子的万蒂妮，人生开始了新的篇章。妻子和母亲的角色让她新奇，也让她思考，她选择亲力亲为抚养孩子，但是她也不愿意束缚在这些角色中，完全放弃自我。

工作和家庭之外的万蒂妮也把自己的生活安排得很满，她上法语课、街舞课、古琴课，自己做手工，种植花草，跟朋友们聚会，参加各种公益活动，活成了新时代辣妈的典范。

受家庭环境的熏陶，她对古玩字画也很有研究，平时在这方面做了不少功课，她渴望有一天能从娱乐节目中沉淀下来，做一些跟艺术、文化类有关的内容。她最喜欢的就是去文玩市场，逛古玩店，参观博物馆，在不停拓展和丰富自己文博考古的视野和知识面的同时，也离自己的梦想越来越近了。

提起到现在的幸福生活，万蒂妮显得兴致勃勃，她说，"我不想浪费自己生命的每一分钟，我喜欢奋斗的人生，喜欢靠自己的力量迈开的每一小步，喜欢生命在我面前展开的每一种可能。"

万蒂妮想起自己童年、少年时期认识的那些女性楷模，想起那些慈爱的长辈们，她们在繁重的公务中如何平衡工作和生活，她其实早就有了自己的榜样，希望此生不会因为虚度年华而悔恨；也不会因为碌碌无为而羞愧。

回望过去，万蒂妮这样总结道——不走捷径的人生，反而收获更多……

王　诗　晴

─────────────────

超模的背后

光怪陆离的时尚圈，浮华喧哗的名利场，各种各样的故事粉墨登场，即使身处名利场，王诗晴却始终保持自己的质朴本色，她的内心平静而笃定，她的眼神始终清澈而透明。"我希望自己永远保持初心，走好人生中的每一场秀，人生没有捷径可走，唯有脚踏实地靠自己努力，才有可能变成自己喜欢的样子，拥有平静踏实的内心。"

清晨 6 点，闹钟响了，只睡了 5 个小时的王诗晴马上就清醒了过来，她一边刷牙一边在想行程表——今天有 4 场秀，5 场试装，还有 4~5 场品牌面试。

这是前一天晚上收到的工作通知，工作的密集和时间的重叠，让她有些诧异地给纽约的经纪人打电话——"时间上，我怎么赶得过来？"而电话那头依然是那句淡定的回答——"Try your best"。

二月的纽约春寒料峭，衣着单薄的王诗晴深吸一口气，像一个即将战斗的战士一样推开房门，大步走了出去。接下来的时间，她将用一双长腿丈量着这座繁华的大都市。纽约时装周的那段日子，她几乎没怎么正经吃饭睡觉，似乎全部时间都在走路——在 T 台上穿着华服英姿飒爽地走着，在曼哈顿街头大步流星地穿越人群，走向下一个品牌秀场，赶往又一个面试地点。

走，走，走，步履不停，她要走向国际，走向未来，走向梦想的彼岸。

——这是 2015 年纽约时装周，王诗晴用镜头记录下的自己。她主演并监制的这部纪录片，讲述了模特这个看似光鲜亮丽的行业背后的真实故事，重新定义了"模特"这个身份的意义。

作为中国 90 后国际超模领军人物之一，王诗晴的模特生涯非常耀眼——2008 年 Elite 世界精英模特大赛中国区冠军；2009—2011 年度中国十佳职业模特；多次参加纽约时装周和巴黎时装周，成为走秀场次最多的中国模特之一。不但身兼众多大牌代言人，更是国内外顶级时尚杂志宠儿、拥有百万粉丝的"It girl"；跨界演员。

……

从山东走向北京，从巴黎走到米兰，从纽约走向世界，这一路王诗晴都是凭着自己的双腿走出来的。

1. 幸运的模特之路

王诗晴走上模特这条道路纯属偶然。15 岁那年，她突然长高了很多，变成了全班最高的女生，甚至比很多男生还高半头，她总是含胸驼背，甚至有点自卑。妈妈给她报了个模特班，希望她练好身姿和形体，这个小小的人生插曲，改变了王诗晴的一生。

自小妈妈就告诉王诗晴，她是个普通女孩，外表好不好看并不重要，只有学习才能改变命运，所以诗晴的学习成绩一直名列前茅。她觉得自己不是特漂亮的女孩，内双的眼睛，又特别瘦高，皮肤也不是东方人推崇的白皙。生活中一直有些灰不溜秋的她，在模特班里突然找到了自信，她发现自己那些所谓的缺点，在模特行业里都是特点亦或优点。她的面孔成了模特行业最受喜爱的中国脸。

她还记得第一次对模特这个职业产生浓厚兴趣是在念初中的时候，当时电视里正在播放 CCTV 模特电视大赛，看到模特们在 T 台上自信的台步和眼神，似乎有一团热血涌上心头，她不自觉地看向客厅镜子里的自己，也有模有样地模仿起来，心想，如果有一天我也能像他们一样站在舞台上就好了。

有了这个目标，王诗晴在模特班的训练更加刻苦和努力了，很快，有着极好先天条件和天赋的她在各大赛事初露峥嵘——2006 年，15 岁的她获得了中国职业模特大赛山东赛区十佳；2007 年获得亚洲超级模特大赛中国区第四名。

如果说这些赛事和奖项让她得到了国内业界的认可，那么接下来的 Elite 世界精英模特大赛则一下子把王诗晴推向了国际舞台。Elite 世界精英模特大赛是当今世界上知名度最高、覆盖范围最广、影响力最大的全球性模特赛事。自 1995 年引进中国后，成为了国内与世界顶级模特大赛之间最重要的连接，很多中国超模正是通过这项比赛在国内一战成名。

2008 年，王诗晴满怀憧憬地参加了比赛，因为顶尖的国际赛事评委以外国人为主，她在面试前进行了认真准备，除了自身条件等硬件外，了解国外时尚圈喜欢什么样的台步风格、什么样的表现会更让评委印象深刻，以及流利的英文口语都是需要做的功课。

机会永远都是留给有准备的人的。这一次幸运的桂冠落在了 18 岁的王诗晴头上。获得 Elite 世界精英模特大赛中国区冠军的王诗晴，马上成为国内炙手可热的模特新星，随即签约模特经纪公司，由此进入模特业的主流，开始在时尚圈崭露头角。

2. 漫漫超模路

因为 Elite 世界精英模特大赛的影响，王诗晴成功吸引到了海外一些模特机构的注意。2010 年，也就是王诗晴刚刚上大二的那年，作为全公司唯一一个被选中的中国模特，她受邀去纽约参加纽约时装周。凭着初生牛犊不怕虎的那股冲劲，19 岁的王诗晴拎着一个行李箱带着一个文曲星翻译机还有妈妈给的一千美元现金，登上了飞往纽约的飞机。读书时刻苦学习打下的良好基础，以及流利的英文口语成为了她进军国际市场的有利武器，她良好的沟通水平、卓越的身体条件，让纽约经纪公司非常赏识，给了她很多面试的机会。

然而，从参加面试到接到工作，这中间的过程是艰辛而困苦的，独自在异乡打拼的王诗晴，常常抱着模特本穿梭于纽约的地铁，每天平均面试 15~20 场秀。她拿着纽约地图穿越这座城市的大街小巷，用脚丈量着这座城市，走了一百多公里路，敲开一扇扇关闭的门，面对一张张陌生的面孔，努力展示最完美的自己。

在国外参加时装周，面试是每个模特日常必须经历的，即使是再出名的模特，也会无数次被拒绝。每一次面试诗晴都不想错过，每一个机会她都全力以赴，即使面试时间有重合，她都尽最大努力赶上。

王诗晴至今还清楚地记得，有一次她坐了一个小时地铁去布鲁克林面试，但是面试者提前五分钟结束了工作，这就意味着这场艰难的行程只是一次无用功，王诗晴沮丧极了，她坐在街头号啕痛哭，释放压力。但很快她就平静下来，默默擦干眼泪裹紧大衣走进了寒风中，因为她没有时间伤心，下一个面试截止时间马上要到了，要尽快赶过去。

还有一次，纪人安排了皇后区的一场拍摄，工作结束已经凌晨两点了，暴雪过膝，地铁停运，也叫不到出租车，王诗晴只好独自走回曼哈顿，当她经过布鲁克林大桥时，万籁俱寂，寒风呼啸，她只听见自己紧张的喘息，急促的心跳和喘不过气的恐惧。这个风雪之夜，成了王诗晴纽约生活中沉重的一笔。然而成长的代价，独立的过程，都是裹挟着风雪而来的。

那一年的纽约秀场，她走了13场秀，在当时这已经是相当好的成绩了，然而大家只看到了台前的光鲜，却不知道成功的背后是几百次面试和无数次被拒绝。纽约时装周让十九岁的王诗晴迅速成长了起来，她超强的心理素质，也是在那些拒绝、失落、泪水和再度出发的循环往复中得到了充分锻炼。随着她在纽约时装周上的不断亮相，面试次数不断增加，得到的工作机会也越来越多，随后她出现在众多大牌秀场，鲜明的个性，时尚的中国面孔，终于在纽约得到了美丽绽放。

之后，王诗晴参加了多次纽约时装周，并得到世界瞩目。纽约一直是她最喜欢的城市之一，这是她梦想起航的地方，也是她飞速发展的起点，承载了她太多的回忆和奋斗的青春。

3. 成功的背后

随着中国市场在全球经济地位中的提升，中国面孔也成为国际 T 台新宠。
王诗晴以完美的台步和鲜明的台风，赢得了国际同行的赞美。当她用镜头
记录下超模的背后，谈起那些沮丧甚至痛苦的时刻，人们终于理解了诗人
写下的"成功的花，人们只惊羡她现时的明艳！然而当初她的芽儿，浸透
了奋斗的泪泉，洒遍了牺牲的血雨"的真谛。

成名前，王诗晴经常要面对不确定的未来和忽有忽无的工作机会。成名后，
她仍然要独自以强大的内心面对各种突发状况。超模在秀场上光鲜靓丽，
但是后台却忙乱又狼狈，发型、彩妆和试衣很多时候要在短短几分钟内完成。
遇到衣服不合身的时候，要用大头针来修改或固定，有时候模特身上都被
这些大头针扎出密密麻麻的血点，甚至有一次，王诗晴回到家才发现自己
的袜子上横插着一根针，若再偏那么几厘米，她的脚就再也走不了秀了。

提起自己的脚，王诗晴长叹了一口气——对我来说，在 T 台最大的阻碍来
自于我的鞋码太小，我身高 1.78 米，但是鞋码却只有 37 或 38 码，而大多
数超模的鞋码都在 40 码左右，秀场很难找到合适我的鞋。试装的时候，如
果模特不能适应准备好的衣服和配饰，很多时候为了演出的完美，都会换
下模特，即使超模也难以幸免。为了把 37/38 码的脚塞进 40 甚至 42 码的
鞋子里，王诗晴想了不少办法，塞棉花、贴透明胶，鞋内粘双面胶，但是
很快她发现，这些方法都不能有百分百的保障。最终她想出了一个非人的

绝招——用"502"万能胶，把鞋子和脚粘在一起。先保证 T 台上不会掉鞋再说，然后脱下鞋子时，经常把皮肤撕得血淋淋的。

想到近些年来，模特频频因为鞋子不合适而摔倒的 T 台秀，我忍不住问她，你有没有失误的时候？王诗晴有些小骄傲地说，没有，一次也没有，我不允许因为自己的原因造成这样的失误。

王诗晴一向是个要强的人，她说，"我有一次走一场巴黎高级定制的秀，我是压轴，非常重要，那件衣服全是玻璃做的，当我全程走下来的时候，玻璃下摆把我的小腿剐蹭得血肉模糊，真的可以说是像小美人鱼行走在刀尖上的感觉。每走一步都钻心地疼，但我必须保持冷艳的表情和飒爽的猫步……"

谈起超模风光背后的残酷，王诗晴似乎像在谈别人的事情，语气总是那么云淡风轻。她笑着说："我热爱这个行业，也因为我个性中的执著，就是做什么事，我总想要做到最好。更多的时候我愿意换一种角度看待问题，希望自己不要过多沉溺在不甘心、委屈、辛苦、不公平的心态中。我特别感恩曾经那个在镜子前摆 Pose 臭美的小女孩，如今已经走了这么远，感谢所有帮助过我的人，包括那些看似残酷的经历，都是很多人求之不得的，都是帮助我成长的财富，我虽然不是最幸运的那一个，但我已经足够幸运。"

4. 超模的感情世界

王诗晴把自己的成功归结于幸运，但更多的是她的努力和个性中的坚韧。身为警察家庭出身的女孩，王诗晴从小就被父母培养得非常独立，尤其是妈妈，在她事业最初受到挫折想要放弃的时候，妈妈都会鼓励她再坚持一下，再努力一把，再往前看看。

父母从不因为她是女孩，就把她局限在舒适稳定的环境中，反而鼓励她大胆追求梦想，志在四方，要实现自己的社会价值。王诗晴每每谈起自己的家庭总是充满感情，她甚至说，如果没有做模特，我应该会去做一个女警察吧。而她骨子里的那份质朴和纯真，也正是家庭教育给予的锻造。

当年妈妈无意中送王诗晴进入模特世界的大门，虽然并没有希望女儿有这么大的成就，却也支持她的每一次冒险和出发。王诗晴笑着说，"我还记得 19 岁第一次去国外参加时装周，往返机票是我妈半年的工资。即使她很心疼和担心我的安全，也会选择放手，让我独立自强，她经常鼓励和支持我，是个很开明的妈妈，对我影响很大。"

提起对自己事业帮助最大的人，王诗晴赞不绝口的是她的男朋友纪焕博。曾作为国内顶尖男模之一的纪焕博，如今已经改行做了演员，他比王诗晴年长，在专业领域是她的前辈。

同为模特，王诗晴和男友之间彼此信任，相互坦诚，两人经常一起工作，王诗晴乐观坦言："这种工作性质我觉得挺好的，每天都不一样，工作时有爱人或家人陪伴是我觉得最幸福的事。拍了无数期情人节大片或婚纱珠宝大片，朋友开玩笑说我们再也不用拍结婚照了。"

两人在一起快十年了，这样的爱情长跑在时尚圈极其罕见，宠溺着王诗晴的纪焕博表示，虽然在一起已是第十个年头，但感觉就像在昨天，我们刚在一起的时候就写下了"相互理解，相互包容，共同进步"的爱情宣言，事实证明在过去的十年中我们确实做到了。

王诗晴真诚地说："虽然大家都觉得模特圈光鲜浮华，充满诱惑，但是只要你的爱是纯粹的，自己不想改变，那么就没有人没有圈子能改变你。初心最重要，也最珍贵，当我们决定在一起时，就想好了只因为爱情，其他的物质生活我们会用双手一起努力去创造，我只想活得单纯、执著。虽然恋爱时间越长仪式感越少，但是甜蜜不减。我喜欢现在的状态，一直像少女一样的恋爱，幸福和快乐是最重要的。"

5. 超模的未来

成为超模，亮相时装周与各大品牌广告，同时赢得全球时尚圈关注，是每个模特的梦想。超模开启了一个黄金年代，让模特这个行业得以最大商业化，成为备受瞩目的时代宠儿。超模的影响力不仅在 T 台和时尚行业中，还引领着全世界的审美潮流和时尚观念。

众所周知，即使是超模，绽放于 T 台上的时间也是有限的。今年刚刚 30 岁的王诗晴，在被问起是否也有年龄焦虑时，她也坦然地承认，在超模这个行业，年龄有着很大的局限性。"其实不仅仅是年龄，模特这个行业很多时候是靠运气和天赋决定的。我们当年念大学时，一个模特班招收了 30 个全国百里挑一的女孩，但是至今只有我一个仍然在这个行业里。很多人在大二的时候，就知道没有办法成为职业模特，刚毕业就失业是模特专业的常态。而年龄对于模特行业而言，也绝非有一个固定的划分，瓶颈期取决于市场，国外有很多超模不再年轻，但仍位于一线。如今市场越来越多元，时尚变迁日新月异，模特这个词也早已不再是特指 T 台模特，必须要与时俱进，改变以往的思维模式，不能被动去等待工作，要主动地创作内容，创造机会。"

谈到很多模特转行或投身于影视圈，王诗晴说，"很早前，因为我长相英气，也有导演来找我拍戏，但是我一心想在模特这个行业继续深造，便拒绝了不少机会。但是并不觉得后悔，因为这就是我的个性，没有这样的执著，我也走不到今天。"

在当下这个时代，王诗晴对于自身，对于模特职业的前景，看法也非常通透，她说，"在自媒体时代，我也有自己的短板，但是我也在努力让更多的人认识我，全方位了解我。我也在寻求转型，找到更多的可能性以适应市场的变化。在《在不安的世界安静的活》《亲爱的设计师》《爱情进化论》等电视剧中出演角色，这些尝试让我很新鲜，也很兴奋，因为我不再仅仅是一个展示服装的载体，而是一个全新的主体，拥有了更多的能量和未来！"

光怪陆离的时尚圈，浮华喧哗的名利场，各种各样的故事粉墨登场，即使身处于此，王诗晴却始终保持自己的质朴本色，她的内心平静而笃定，她的眼神始终清澈而透明。"我希望自己永远保持初心，走好人生中的每一场秀，人生没有捷径可走，唯有脚踏实地靠自己努力，才有可能变成自己喜欢的样子，拥有平静踏实的内心。"

杨　乐　乐

―――――――――

幸福不是局部的极致，而是整体的平衡

对于幸福的当下，乐乐有她自己的人生哲学——"有了家庭之后，我并不想去追求极致，而是想要一种平衡：美满的情感生活、能够过日子的财富、可以实现的小事业。综合起来，这就是我要追求的人生。"

好久不见的杨乐乐，抽空来到《辣妈学院》客串主持，只见她身姿挺拔，面容姣美，步履轻盈地走到聚光灯下，对着镜头展开了恬淡知性的笑容，一时间仿佛又看到了当年湖南卫视当家女主持的别样风采。

一晃七年，离开湖南卫视后的杨乐乐逐渐淡出了观众视野，只是偶尔在综艺节目出品人和公益活动上见她露面，就在大家以为她退出江湖回归家庭时，没想到 2021 年，她带着一档高品质的音频节目《断舍离》跟观众们见面了。

"想要过上高品质的生活，就得学会给人生做减法。"杨乐乐这样笃定地说道。像是在阐述节目的主题，又像在概括自己当下的生活。

作为湖南卫视曾经风头最劲的当家女主持之一，杨乐乐的履历非常漂亮，她主持过多档热门节目，如《音乐不断》《娱乐无极限》《玫瑰之约》等，深受观众好评。而作为全国主持界"一哥"汪涵的太太，他们十几年来幸福美满的婚姻也让他们成为了圈内的楷模，人间的佳话。

如今的杨乐乐虽然减少了曝光率，但其实只是从关注度高的娱乐节目转型到家庭健康类和育儿类的节目上了。这种转型，有年龄和阅历增长带来的视野改变，也有她在抚育儿子的亲子生活中的收获分享。

她把人生每一个角色都演绎得游刃有余、从容不迫，就让我们一起跟杨乐乐聊聊她的人生哲学吧。

1. 走出舒适区，
邂逅更精彩的自己

杨乐乐人如其名，出生于重庆一个普通家庭的她，一直是个快乐的女孩子。

爱笑的女孩运气不会太差，这句话放在她身上再合适不过了。从小到大，她的人生都比较顺遂，考大学时也顺利考上了心仪的四川师范大学表演和主持专业。

重庆妹子不服输的个性和毅力，让乐乐在校期间一点都不敢松懈，刻苦学习专业知识，精进专业技能。毕业时，凭借着靓丽的外形和过硬的专业能力，乐乐成了全校被甄选进入四川电视台的四名女生之一。她下定决心要成为四川电视台最好的主持人之一，她能吃苦，肯坚持，很快便在一众女主持人中脱颖而出，一跃成为四川电视台知名女主持人。正好 2001 年湖南卫视向她伸出了橄榄枝，于是她孤身一人从四川来到了湖南。

拒绝舒适，从零开始的乐乐遇到了很多困难，微薄的薪水，高强度的工作，艰苦的生活，一个人的孤独……她都咬着牙独自硬撑了过去。

湖南台支撑了她整个事业的梦想，回忆过往，乐乐说，"面对舍弃也好，损失也罢，我并不觉得后悔，也不会纠结，因为这是当初自己做的最佳判断。"

经过几年不懈的努力，乐乐很快获得了命运女神的垂青，主持之路越走越开阔，不但手握几档热门节目，2004 年还因为跟汪涵搭档主持相亲类综艺节目《玫瑰之约》，开始了美好的恋情。

2010 年两人结婚时，正值杨乐乐事业巅峰，但她开始感到了一丝疲倦，因为她觉得自己的主持工作似乎只是在原地重复，没有前进，也没有提高。为了寻求突破，她开始涉足影视圈，出演电视剧、话剧，做制片人，当老板、投资人、公益项目发起人，她游走于各种身份之间，忙碌且快乐。"只有走出舒适区，才能遇见更精彩的自己，才能拥有更开阔的人生。"乐乐如是说。

2."去做现阶段最合适的事情"

2014 年，乐乐生下了她和汪涵的爱情结晶小沐沐，初为人母的她非常渴望能跟儿子有更多的相处时间。"孩子就是我们人生的一面镜子，时时刻刻照出了我们自己。"为人母后，乐乐觉得自己更加成熟，也在抚育的过程中不断成长。

生活也因此更加忙碌了，每天一睁眼就像进入了战场，工作的忙碌、家务的繁琐让乐乐焦虑不安，尤其是事业与亲子两头兼顾的挣扎，有时在外地录节目，孩子却发烧生病，身为母亲，确实感到身心俱疲。

那时，她经常在反复思考——
当下什么才是对自己最重要的。
什么样的生活才是我想要的？
做什么样的事情才是有意义的？

摆在她面前的机会虽然很多，但最终她决定遵从内心，去做现阶段最合适的事情。

很多次当被问到离开湖南卫视的缘由，她回答："这不是离开，而是另一种意义的回归，让梦想的工作和生活更协调。"离开并不是再见，在这个自媒体时代，有更多的方式和选择让她离梦想更近一步。

3. "我现在的状态是最幸福的"

年轻时，乐乐追求自己的梦想，步履不停，忙碌热闹。人到中年，当年的喧嚣略嫌聒噪，她更想静下来，倾听内心的声音。她说，我应该慢下来，或者阶段性地停下来。

"一个家庭需要去安置和平衡各种关系。先生工作很忙，我需要给他一个安静幸福的家；孩子需要妈妈在身边，需要安全感；双方父母年龄大了，需要我们的照顾。"乐乐决定站在这个中心点上，成为这个家庭中平衡的关键。

汪涵不止一次在公开场合表白杨乐乐——"我太太这样的女人，也许不是世界上最美的女人，却是世界上最让我舒服，最让我幸福的女人。"别人都说杨乐乐嫁给汪涵是上辈子拯救了银河系，但对汪涵来说，自己的幸福和成功全靠这个女人："我觉得每个男人最开始都是一颗尘埃，因为有一个女孩子接受了你，这颗尘埃就有了力量……"他的宠妻名言："独乐乐不如众乐乐，众乐乐不如杨乐乐。"

褪去名人光环，浪漫的两个人把平淡的日子过成了诗。儿子小沐沐更是乐乐的重心，即使生产时非常艰险，养育中又极其劳累，但是乐乐并没有宠溺孩子，相反她对儿子要求比较多，管教相对严格。"我希望自己的孩子快乐且平凡，并不是对他放任不管，而是舍弃掉那些强加给孩子的期许和要求，给孩子高质量的陪伴，引导孩子去热爱生活，时刻充满好奇心，坚持自己的爱好和梦想。"

小沐沐在充满爱的家庭氛围中成长，遗传了爸爸的语言能力，小小年纪就会说好几种方言，还会背诵不少古诗词，更在妈妈的阳光教养下，勇敢谦逊，有礼貌。一向低调生活，不爱张扬的杨乐乐，偶尔也忍不住会在微博上晒出过生日时儿子献上的鲜花，或者分享去参加家长会时看到儿子成长的欣慰。

对于幸福的当下，乐乐有她自己的人生哲学——"有了家庭之后，我并不想去追求极致，而是想要一种平衡：美满的情感生活，能够过日子的财富，可以去实现的小事业。综合起来，这就是我要追求的人生。"

4. "无谓成功，
不畏得失，不留遗憾"

2019 年 3 月，湖南卫视推出了教育纪实节目《放学后》，这是一档全新的教育观察类节目，主要探讨孩子放学后的生活以及和家人的相处与互动实况。节目一经推出就引起很多人的强烈共鸣，也引发了不少家庭教育方面的话题。

而久违荧屏的杨乐乐，此次以"知性辣妈"的身份倾情加盟，作为首席观察员，她带领成长观察团分析每个家庭的教育状况，在节目中还大方地分享了自己的带娃经验，以及处理亲子关系的心得体会。她在节目中关于亲子教育方面的一些观点非常独到，令观众称道。

其实在家陪伴儿子和家人的乐乐，并没有停止学习和荒废专业，反而潜心在自己感兴趣的领域深耕。在陪伴儿子成长的过程中，她对儿童教育和健康领域产生了极大兴趣，因此积极推动了儿童教育类节目《放学后》《自然有答案》的制作。

作为快乐全球传媒董事长的杨乐乐还联合优酷视频出品了首档讲述孩子与宠物的成长挑战秀《小狗和小手》，该节目以"孩子+狗狗"的组合，打破了亲子类综艺节目惯常的人与人互动的传统关系，使节目拥有了明晰的独特性与辨识度。

节目一经播出便备受好评，作为出品人的杨乐乐再次得到了大众的关注，同行们也对她敏锐而新颖的媒体人视角大加赞赏，而她的这份活力和睿智则来自于生活的沉淀。乐乐说，"人生的长度是有限的，但是宽度却可以不断拓展，我一直是个比较清醒的人，知道自己想要什么，我也是个有野心的人，做什么都想倾尽全力做到最好，这大概是我在家庭和事业中取得较好平衡的要诀吧。"

虽然达到这种平衡总是艰难的，但是乐乐却能突围而出，她认为这来自于自己内心深处的坚持，也来自于她对待家庭和事业始终全力以赴的应对的心态。更重要的是，她从未停止过学习和思考，一直与时俱进。"身为女性，在事业和家庭中做取舍时，如果误以为选择两极，就可以有某种极致的成就，那么就一定会产生遗憾。我不想为家庭放弃事业和兴趣，也不能为了事业和兴趣而对自己在家庭中的角色不管不顾。我兼顾的方式，是随时调整自己的重心，并且尽量做到两者融合。"

如今，她更重视教育和健康领域，不但积极投身到教育类节目的制作和全新的主持工作中，还同《辣妈学院》节目组一起追溯食品的源头，推出了《匠人匠心》等关注食品健康和安全的节目。

重新出发的乐乐说，"今天的女性，面对瞬息万变的世界、蜂拥而至的观念，可能很多时候过于偏重于个人价值的体现和梦想的实现，而对于如何面对失败，如何面对取舍等问题，缺少一些客观的思考和引导。我是过来人，有过焦虑和恐惧，也有过失落和迷茫，所以我现在正在制作一部引领女性走出困境的节目，希望同大家分享我的成长经验。"

懂得遵循内心真实的自我，享受自己每一个成长阶段，接纳人生的不完美。她也有过挣扎和妥协，有过焦虑和恐慌，但更多的是她用自己的人生智慧，恰如其分地保持了一种平衡，控制自己的欲望，直面自己的内心，在这个信息爆炸、观点喧嚣的时代，舍弃了那些华而不实的表象，只留存真实和美好在自己身边。

叶　　　　璇

畅快淋漓之叶璇

叶璇一直活得真实而随性，自信又铿锵，即使大众认为高智商的她在爱情方面表现得似乎有些低情商，她也言之凿凿——"我是一个除了爱情什么都不缺的人，因此才有底气去等待和体验一份纯粹的感情。"

熟悉香港 TVB 经典剧集的观众对叶璇都不会陌生，她是《再生缘》里的孟丽君，《云海玉弓缘》里的厉胜男，也是《天下第一》里的上官海棠……这么多年来，加在叶璇身上的标签也越来越多——选美冠军、高学历学霸、话题女王、"真性情"和"恋爱脑"。叶璇来到《辣妈学院》做客后，每个近距离接触过她的人都会有相同的感慨——她跟我想象的完全不一样啊!

而她自己则笑言，"从影近 20 年，我演的角色跳跃非常大，王晶导演曾经评价我的演技可以跨越音域的三个八度，人的性格是复杂的、多变的，立体的，而我，是一个跨度很大的人。"

1. 真实而随性

毒舌,耿直,放飞真我,成了叶璇独树一帜的个人风格,为她吸引了不少粉丝,
而节目的热度也被她的直言快语带动得人气攀升,关注度极高。

永远从专业性出发,是叶璇一贯的工作风格,她其实并非情商低,只是对
专业的坚持才让她显得有些不可思议。而她的高智商也让她懂得如何应对
观众和媒体,从而做出相应的预设,达到满意的效果。难怪有专业媒体人
采访叶璇后感慨"她不走寻常路,她有自己的套路"。

不止是真人秀,在生活中叶璇也无意装扮成他人臆想的完美女神,因为这
背离了她的价值观。她一直非常真诚坦荡地做自己,对于别人评价她女神
光环的破碎时,她回答说——我的个人享乐欲望很低,不会觉得名牌或豪
车可以装饰我的身份,一个人的价值在于为社会、为他人创造了什么,而
不是自己享受了什么。

叶璇一直活得真实而随性,自信又铿锵,即使大众认为高智商的她在爱情
方面表现得似乎有些低情商,她也言之凿凿——"我是一个除了爱情什么
都不缺的人,因此才有底气去等待和体验一份纯粹的感情。"

做起事来我行我素,谈起话来字字珠玑,支撑叶璇随心所欲的这份自在,
正是源自于她强大的内心。而叶璇强大的内心来自于她过往的经历。

2. 从学霸到明星

在香港 TVB 电视台出道的叶璇一直被观众误以为是香港人，其实她是杭州人。10 岁之前，她一直生活在风景如画的杭州，直到父母离异后，她才跟着父亲到美国读书。叶璇的父亲是一位事业非常成功的知名律师，而出身优渥的叶璇，却是个从小穷养大的富家女。

十三岁时，父亲问她："你要自己住还是跟我住？"叶璇选择自己住。她独自居住在纽约的布鲁克林区，父亲则住在曼哈顿，每个月叶璇去父亲那里领取 500 美元生活费，每考取一个第一名就可以多领 100 美元，因此叶璇一直成绩特别好。她曾经在香港 TVB 电视台的一次采访中展示了自己高中全科全 A 的成绩单，引起一片惊叹。

独立生活遇到了很多困难，钱不够用，叶璇就去附近的录像厅打工，有时还不得不搬家，还遇到过被坏人勒索钱财的事件。但叶璇谈起那段艰苦的少年时光，没有抱怨只有感激，"我特别感谢父亲给我那样一个环境，他真正教我领悟了授人以鱼不如授人以渔的道理，令我在困难面前没有退缩或者畏惧，同时又教给我很多解决这些困难的技能和方法"。

高中毕业后，学业优异的她同时接到了哈佛大学、康奈尔大学、纽约大学、韦尔斯利学院的录取通知书。最终，叶璇选择了给予全额奖学金的韦尔斯利学院。韦尔斯利学院是全美最优秀的女子学院之一，名人校友有宋美龄、冰心、希拉里·克林顿等，如果没有意外，叶璇应该也会成为一名律师或者在从政的路上跋涉。

但没想到，19 岁那年，叶璇阴差阳错一脚踏入了娱乐圈。大一寒假的时候，叶璇被星探发掘，参加了国际华裔小姐选美比赛，没想到一举夺魁获得了当年的冠军和最具古典美态奖，随后被邵逸夫钦点，她犹豫再三最终决定辍学，并留在香港 TVB 电视台当演员。提起六年的 TVB 演艺生涯，叶璇说自己就像是在少林寺经过了艰苦卓绝的训练，从而练出了真功夫。白纸一样入行的她，在这里学会了演员这个行业所有的技能，还包括做人之道。作为电视台力捧的新晋花旦，叶璇一部又一部地担任女一号，连轴转式地拍戏，从《封神榜》到《庙街妈兄弟》《再生缘》，然后到《云海玉弓缘》……自信做什么都能胜任的叶璇，很快在演技上有了飞速提升。等到她拍武侠电视剧《天下第一》时，给这部剧集做监制的王晶一眼看中了这块美玉，多次游说她放弃电视台的工作，加入香港寰亚电影公司。

2006 年，合同期满后的叶璇，带着对 TVB 的感激之情，投身于电影事业。不久，就交出了令人满意的答卷——2006 年凭《情义我心知》获得香港金像奖最佳新人奖提名。2010 年凭电影《意外》获得第二十九届香港电影金像奖及第二届优质华语电影大奖最佳女配角。同年，她以零片酬出演了新秀导演朱佳梦的作品《人有三急》，获得了第三届香港新人电影节最佳女主角奖和国际青年录像节优秀演员奖。

在寰亚电影公司的六年间，叶璇参与拍摄出演的电影多达二十部，这些银

幕作品既包括典型的商业片、文艺片、先锋短片，也有爱情片、黑帮片、传记片等。而叶璇以她精湛的表演，在各个角色中游刃有余，尤其是《头七》《出轨的女人》《窃听风云3》引起了业内不少人士关注和好评。2012，在与寰亚电影公司合同期满后，叶璇没有续约，而是成立了自己的工作室，做起了制片人。从电视演员转型成电影演员，又从电影演员转型做了制片人，叶璇说："一个人专心做一件事，四年就会见分晓。我参演电视剧六年、电影六年，每到一个阶段就想进行一些新的尝试。我这个人并不以高度为目标，而是以宽度为目标，认为丰富才是人生的真谛，让自己面对各式各样的挑战，这是我的人生观和价值观。从电视转到电影是王晶导演引导我的，做制片人是我自己主动选择的。"

叶璇在读完严歌苓的小说《第九个寡妇》后，很喜欢这部作品，她以真诚的态度，以及对作品的深刻理解，最终说服了严歌苓出让了这部作品的影视版权。叶璇在剧中饰演的是传奇寡妇王葡萄，除了翻阅历史资料，了解相关背景知识外，她还亲赴河南农村体验生活，跟乡民同吃同住。最终这部电视剧在江苏城市频道首播，并以首部破8点收视率的年代剧位居第一。

更值得一提的是，叶璇亲自担任编剧，她用了凤凰的笔名。此后，她作为编剧又撰写了不少作品，如《雅典娜女神》《潘多拉的秘密》《以父之名》等，但她从未公开过自己的编剧身份。叶璇说，"真正有价值的，是在做这件事的过程中，自己学习和升华到了什么程度，以及能够把价值观传播给他人到什么程度，不用在乎一个署名，那只是一个虚名。"

3. 网络主播

2020 年 3 月 21 日，叶璇有了一个新的身份——网络主播。虽然受新冠肺炎疫情影响的这一年，不少当红明星都投身到网络直播的行列，但是带着影后身份加入的叶璇，让旁人有了更多的不解和猜测。

在过去几十年的人生里，不管是读书、拍片，还是开公司、投资，每一次都斩获颇丰的叶璇，这次挤进风口浪尖同样是信心满满。第一次开播不到 3 分钟，就有三万人次观看，叶璇的明星效应帮她省去了大量积累认知度的时间。开播 5 分钟后，观看人数直逼 10 万，很多人抱着看看影后怎么直播的心态进入，没想到便成了忠实观众。

直播间中的叶璇，延续了她一贯的耿直风格。观众评论她的外形，她毫不客气地直接怼回去。对于不好吃的产品，她直接吐出来。看到包装上的日语说明，还提醒大家"是国产的"。在整晚近 4 小时的直播里，叶璇试吃了一大堆产品，实实在在地对着镜头吞下了面包巧克力饼干米线，对于一个女明星来说，这简直是难以饶恕的"不自律"，但叶璇却认定为"做直播最基本的职业操守"。

对待任何工作都全情投入，是叶璇对自己的要求，她的直播频率真正做到了日播，即使是在横店拍戏，她也带着产品见缝插针地直播一会儿，没想到反响特别好。"没有不劳而获的事，直播带货就像开超市，你一定要每天都开门营业，消费者来时你随时都在，不能三天打渔两天晒网，就像你家楼下的小店，若老不开门，你就不会去了，对吧？"

每天最少播足 4 小时的叶璇，认真实在，她强忍恶心吃生鸡蛋，脱鞋袜抬脚卖脚贴，吃螃蟹讲民俗，卖书更是知识典故信口就来。她还在直播间建立了文化沙龙，除了推荐产品，还聊影视聊八卦，她还充分发挥自己的职业特长，创意奇特等特点，自编直播间剧本，每期直播都有情景剧演出。

出镜、招商、挑货，甚至用 excel 表核算成本，每一个环节，叶璇都是亲历亲为。而每天直播情景剧的剧本，她都要自己来编写，"这种简单的剧本，对于我这样的专业演员来说太容易了，也费不了多少时间。"

就在她粉丝已经累计近 60 万人，总观看人数超过 5000 万次，月销售额破 4 千万元，还在排位赛中跻身明星主播榜的 TOP3 行列之时，叶璇发布了一条视频，宣布暂时为自己的直播生活画下句点。随后她迎上短视频的风口，高调入驻"B 站"。更新频率高到一天一更新，甚至有时一天两次更新，视频长度从几分钟到十几分钟不等，在 B 站被称为最勤奋的明星博主。

叶璇的高学历好口才在 B 站发挥得淋漓尽致，时事热点，人生感悟，明星八卦，历史文化，她简直是无所不谈。叶璇依然以一贯的真实随意示人，有时候素颜开播，有时候边吃边聊，甚至敷面膜的时候也聊上几句。因为亲切随意，又生动有趣，很快再度成为 B 站的热门明星"UP 主"。

就在大众以为她各种"不务正业"的时候，某天，叶璇宣布自己制作、编剧并主演的新作品《以父之名》上映了。在创作过程中，叶璇把自己在香港积累的拍摄经验同内地影视特色巧妙地融合在一起，在这部警匪片中加入了喜剧元素，让严肃的刑侦题材也变得幽默轻松。

其实这些年，叶璇一直在拍戏，还做编剧，当起了制片人。谈起艺术创作，叶璇颇有见地，她对当今的电视剧市场也谈了自己的看法，她认为早年在下沉市场女性观众中，大部分女人还存在着"抢男人"的思维模式，于是宫斗剧应运而生，等女性有了一定的自我意识，就开始主导"玛丽苏"剧，但是最终女性还是会进一步觉醒，希望看到真实有力量的女性角色。

对于艺术创作，人物塑造，演艺工作，叶璇一直是清醒的理性的，甚至是严肃的。对于网络热搜上的自己，直播中的自己，做短视频的自己，和在艺术领域耕耘的自己，孰轻孰重，她分得很清。

叶璇说，"钱什么时候都可以挣，但有些角色是一辈子可遇不可求的，经过很多年后回头看，说过的话，闹过的绯闻，演过的综艺，都会消逝在时间里，只有塑造的经典角色可以循环往复，深深地烙印在观众心里。人生短短几十年，作为艺术行业的知识分子，我更愿意去传递一些有意义的价值观。"

4. 酣畅淋漓做自己

在当下这个经济蓬勃发展，人人想要和气生财的时代，很多人深谙处事圆滑之道，擅于曲意迎合，长袖善舞，营造一片祥和的虚假繁荣。娱乐圈时刻上演的塑料姐妹情，红人直播中的假大空数据，热搜上的买卖头条，点击率的真真假假……个体身处其中，很难坚持自我，保持个性。但叶璇却依然保持了自己的棱角，从不畏惧表达自己的尖锐和个性，正如她在采访中面对他人质疑时说，没有看透世界本质的人，表现出来的天真是一种傻。但是看透了却曲意逢迎，那是一种假。只有一个人看透了宇宙运行的规律，明白了世界运行的法则，却依然保持自己的敏锐，那才是一种真。

而真实的叶璇，正是这样酣畅淋漓地做着自己，向这个时代敞开自己的真实和尖锐，坦荡且无畏。

杨 童 舒

真我人生

身处娱乐圈，杨童舒是清醒而又独立的，她一直知道自己想
要什么，也能够为自己的决定负责。面对流言蜚语，杨童舒
有一种清者自清的沉静，这源于她的人生态度——"做人要
学会承担责任，也要学会处之淡然。世间许多事情无需计较
是非黑白，看开了就是快乐"。

2020 年一部热播剧《以家人之名》将演员杨童舒推向了公众视野。她在这部讲述原生家庭阴影的剧集中，扮演那片最大的"阴影"——男主角凌霄的妈妈陈婷。

作为一个配角，何以成为观众讨论的热点？除了这个角色本身比较招人恨之外，得益于扮演者杨童舒的精湛演技。她将一个极度自私的女人的阴沉、疯狂、歇斯底里演绎得淋漓尽致，令人毛骨悚然。

大家惊讶地发现，"童年阴影"徐盈盈又回来了——《至尊红颜》里的徐盈盈迄今为止是杨童舒最被观众熟悉的一个角色。杨童舒演得有多好呢，可以这么说，简直是抢了女主角贾静雯的风头，比起略显单薄的好女人角色，她把一个坏女人演绎得入木三分，令人恨之入骨，展现了一个演员在表演上的层次和张力。

但是凭此片获得瞩目的杨童舒却没有顺势而上，反而淡出娱乐圈结婚生子，开始了半隐退的家庭生活。一时间媒体捕风捉影，把她的隐退描述成未婚生子的八卦新闻，各种谣言尘嚣四起。

在徐盈盈这个蛇蝎美女角色大火之前，杨童舒其实塑造了很多不同类型的女性角色。《汉武大帝》中命运多舛的平阳公主，《太平天国》中的巾帼英雄傅善翔，《缉毒先锋》中帅气的警花杜丽，《家有公婆》中善良隐忍的韩珊，而在电视剧《一生守护》中的赵雪一角更是让她获得了第二届亚洲彩虹奖优秀女主角奖。

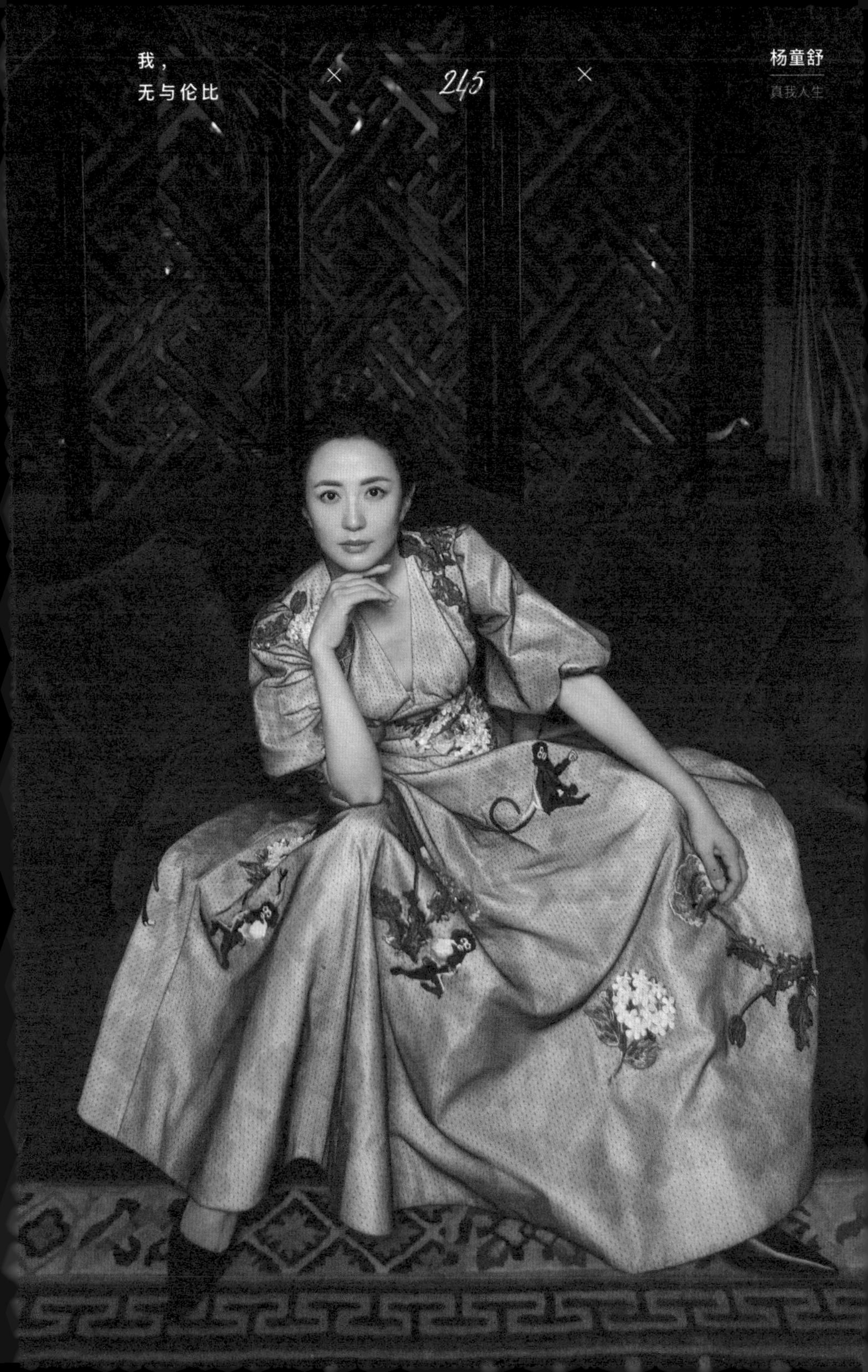

长相甜美的杨童舒留给观众的印象一直是温婉娴静的，但是作为实力派演员的她，却一直渴望能有艺术层次的突破。杨童舒坦言："很多观众都觉得我特别适合演温柔善良、传统的女人，其实我很想演个性更鲜明的人，哪怕是有缺陷的。"

就这样，她等来了一个外表温柔内心狠毒的徐盈盈。刚开始这个角色只是着墨不多且脸谱化的反面角色，剧本也只写了前四集，杨童舒读后觉得角色设计流于肤浅不太想接，但是导演说，找你来演，就是希望你能为这个角色注入灵魂。就这样杨童舒进剧组了，她一边揣摩人物，一边同编剧一起修改剧本，最终的"徐盈盈"层次丰满，人物灵动，即使是个反面角色，但是有血有肉令人难忘。

后来，因为徐盈盈这个角色坏得过于深入人心，居然有入戏太深的观众往她的车上扔满垃圾，等她洗完车赶到活动现场，迟到耍大牌的流言就再也没有停息过。甚至有一次，在浙江拍摄电视剧《中国式亲情》时，杨童舒和助理在赶往剧组拍摄的途中，偶遇一场大货车撞人逃逸的事故，杨童舒毫不犹豫的一边打 120 求救电话，一边去追赶肇事车辆。等她赶到剧组时已然迟到多时，但众人得知原委后都为她的正义之举而称赞，但这件事却居然被扭曲成耍大牌迟到害得剧组几百人等她的负面报道。对此，杨童舒一直报以沉默。她始终认为，演员是用演技和作品说话，而不是利用私生活活跃在公众媒体眼前。清者自清，浊者自浊，是非天天有，何须去辩驳。

毕业于吉林艺术学院，热爱阅读和摄影的杨童舒内心颇为文艺内敛，她的性格让她不愿去做过多的争辩和解释，她觉得与其努力且痛苦地试图扭转别人的看法和评判，不如默默承受，多给大家一点时间和空间去了解自己。

带着这种纯朴的价值观在娱乐圈行走，杨童舒没有等到她以为的清者自清，反而令更多的误解和脏水迎面而来。因为从未曝光过自己的婚恋现状，互联网上一些关于杨童舒早产孩子的谣言也开始散播，"未婚生子""生父成谜"，无数难听的词绑架到她身上，甚至很多人直接把她和她饰演的坏女人徐盈盈划上等号。

事实上，杨童舒只是在合适的时间遇到了喜欢的人，顺利地结婚组建了家庭，然后有了爱情的结晶。但她不想将自己的个人生活曝光在媒体的娱乐新闻里，更不想爱人被外界的喧嚣嘈杂所打扰。

当时面临着放弃孩子和冒着极大风险生下孩子的两难抉择，顺产的概率极低，医生都劝她放弃，坚持生产不但有可能危及母子生命，更有可能导致今后再也无法生育。杨童舒没有迟疑，她觉得孩子的命运不该由她决定，该由孩子自己决定。

她尽自己最大能力做了一个母亲能做的所有事情。她每天在医院倒立，以防羊水流失，大脑因此充血而疼痛难熬，还引发了脊上韧带炎，当时她还极度贫血，补铁针打得从手腕到肩膀，血管都被打坏了。直到7天之后，各种保胎措施用完，不得不把孩子生下来。早产儿生下来只有730克重，被称为"矿泉水瓶孩子"，出生后一直住在保温箱。看着嘴唇黑紫，弱小

得连呼吸都乏力的孩子，想着随时都会逝去的一条小生命，杨童舒决定暂停演艺事业，陪伴孩子一起成长。

这对于一个正值演艺高峰的女演员来说，确实是一种艰难的抉择，杨童舒说，"我觉得演员只是一个职业，也许可以调整，或者也能暂停，但是孩子不一样，他太需要我了。"不同于荧幕上坏妈妈的形象，她为了孩子淡出了演艺圈，精心照顾孩子和家人。

随着大宝的茁壮成长，二宝的顺利诞生，家庭的稳定和美满让杨童舒开始逐渐恢复了演艺事业，慢慢活跃于大众视野。观众关于她尘封的记忆也随之苏醒，关于杨童舒的谣言编撰成各种各样的故事，再度卷土重来，愈演愈烈。树欲静而风不止，为了孩子成长中不被贴上恶意的标签，为了家人不被流言伤害，杨童舒终于不再沉默了，她发了一封律师函把自己的婚恋过往做了一个简短而坚定的声明，希望谣言止于智者。

不谈私生活不仅是对家人的保护，更是对演员职业的认知和尊重。关于丈夫，家人，孩子，个人生活，她一如既往保持低调，希望在生活和事业间留出喘息的空间，也希望给亲人留出自由的余地。

身处娱乐圈，杨童舒是清醒而独立的，她一直知道自己想要什么，也能够为自己的决定负责。面对流言蜚语，杨童舒有一种清者自清的沉静，这源于她的人生态度——"做人要学会承担责任，也要学会处之淡然。世间许多事情无需计较是非黑白，看开了就是快乐"。

如今的杨童舒，再次活跃于演艺圈，她不在乎角色的大小，专注于人物的塑造。对于演员这个职业，以及大家常说的中年女演员的危机，她丝毫不焦虑，单纯快乐地做自己，认真表演，进退自如。

演艺事业之外，杨童舒更专注于慈善公益活动。自 2007 年起，她发起并成立了"舍·予"爱心基金会，每年将自己收入的百分之二十用做慈善事业。取名"舍·予"除了取自杨童舒的"舒"字外，也是取"舍弃自我，帮助他人，传播爱心"之意，鼓励社会上的爱心人士积极地参与到慈善活动中来。"我要用我自己的影响力，用我的时间和财力，力所能及地做对生命有意义的事。"杨童舒这样说道。

2015 年，杨童舒还担任了关爱早产儿"拯救掌心宝宝"公益系列活动推广大使，呼吁更多的人关爱早产儿。"我们尽力去做我们能做到的，因为也许可以改变一个人的命运，一家人的命运，甚至是社会。"

杨童舒从未将这些举动大肆加以炒作和宣扬，只是抱以低调谦虚的态度，坚定追随内心，去做自己觉得正确和有益的事情。

她是明星，却有意识地远离浮华，追求专业的完美；
她是演员，但也能在生活中做正确的取舍——
戏是戏，生活是生活，孰轻孰重她分得清楚，活得清醒。

没有出世的智慧，恐怕在名利场难以达到如此的高度。

她的温婉善良，坚毅勇敢，以及热爱生活、敬业的态度，不但成全了她在荧幕上的百变形象，也成就了她生活中人美心善的"爱心大使"称号。

在杨童舒身上，我们看到了一个女演员美好气质的沉淀。她始终保持的那颗纯真的本心，像一朵出淤泥而不染的清莲，给予世界一抹久违的芬芳。

赵 津 羽

"昆曲 +"生活

"良辰美景奈何天，赏心乐事谁家院"。昆笛声起，曲韵悠扬，赵津羽说："昆曲在我风华正茂的时光润我心田、传我美好、塑我精神，我愿意带着这份艺术的纯粹和臻美，一起走进新时代。"

"不到园林，怎知春色如许。"伴着这句《牡丹亭》里杜丽娘娇柔的唱腔，赵津羽缓步轻摇走上了《辣妈学院》的舞台。

一袭红衣，一头乌发，40多岁的赵津羽看上去是那么娇美动人，不愧是昆曲澎派的闺门旦传人。她扮演娇美俏丽的闺中少女已20多年了，一颦一笑依然还保有那个年龄段的特质，尤其是声音，如此清澈甜美，令人沉醉。

赵津羽除了身为国宝级昆曲艺术家张洵澎老师的艺术传承人之外，她还是全国第一位职业昆曲推广人，将播散昆曲种子视为己任。职业昆曲推广人这个身份对大众来说还是相当陌生，推广昆曲艺术，让昆曲走进生活，走近千家万户，让这门曲高和寡的艺术能得到更多人士的喜爱，是目前赵津羽肩负的使命。

她自费在全国推广昆曲已经有13个年头了，而触动她辞职专心从事昆曲推广的缘由，却来自于一件小事。那是2007年的冬天，赵津羽把两张多出来的昆曲演出票送给了一个朋友，但最终结果是这两张票兜兜转转又回到了她手里。她不由得感慨，在这个时代，这么好的昆曲艺术，竟然免费都没有人去看。心痛之余她深思，国家培育人才将昆曲艺术这门国粹传承下去，但是谁来培养观众呢？如果没有了观众，那昆曲真的只能是过去600年前的老古董了。就这样，她选择了从任教的学校辞职，自己成立公司，当起了职业昆曲推广人。"昆曲是瑰宝，我想让它更接地气，让更多的人能够走进它了解它。"赵津羽如此说道。

说起来容易做起来难，十多年前，昆曲剧团的生存条件远没有现在好，赵津羽联系各种单位和机构免费举办昆曲讲座，常常被拒绝。主办方甚至说，我们可以赞助点什么给你们，但是要我们去听昆曲那还是免了吧。

赵津羽有点灰心。她想起自己幼年时学戏，启蒙老师一遍遍耐心地教她昆曲基本功，同时也一遍遍把这份艺术的责任感埋进了她幼小懵懂的心灵。她想起那些刻苦学艺的时光，想起那些指导过她的恩师的面容，想起那些美丽璀璨的舞台时光……她想，我对推广昆曲是有责任的，我要引领人们走进剧院欣赏昆曲之美，我不要它沉寂在历史的故纸堆里。

"又一场昆曲国际推广活动开始了，Citta Club，6 年前第一次昆曲普及讲座就是在那里举办的。"2013 年 12 月 6 日，赵津羽在微信朋友圈中分享着她的欣喜与欣慰。

辞职后，赵津羽一门心思研究昆曲推广的有效形式，并积累了一些经验和心得体会。她发现讲座是基本的入门形式，为了跟大众更亲近，她把昆曲讲座设定在咖啡馆、酒吧、茶室这些大众喜闻乐见的场所，也同各种商业机构和艺术中心进行交流推广。随着时代的发展，赵津羽意识到要通过互联网进行更多的音频动感传播，而不是简单的"我说你听"的单一模式。于是她开办了"昆曲微课堂"，并通过组织线下活动让大家穿上戏服和水袖亲身体验昆曲的魅力。通过她的一番努力，如今每年至少举办 50 场以上的昆曲推广活动。

九桃豐碩福滿堂

越来越多的人加入到了昆曲推广的队伍中。赵津羽有一个学生原本是从事房地产生意的，后来转行创业开发昆曲便当。还有的学生开了农庄，也会在自己的瓜果蔬菜包装上融入昆曲元素。还有一个来自罗马的洋学生，他来中国参加暑假训练营，因为昆曲的头饰很复杂，需要有专业的妆发老师，所以很多外国人学习后很难有专业的演出机会，但是他跟赵津羽学完昆曲后非要向她买练功服、头饰，想回国后表演给家人和朋友看。赵津羽特别骄傲，感觉自己也算是为文化输出做出了一点微薄的贡献。

现在，赵津羽一边带徒弟传授昆曲，一边进企业进校园开设讲座普及昆曲文化，她到处推广自己的"昆曲+"概念。昆曲+，可以加些什么呢？在推广昆曲的过程中，赵津羽发现仅仅培养学生和观众，以及仅欣赏曲艺之美，对有着六百年历史的昆曲艺术来说还是不够广泛。作为职业昆曲推广人的她，要致力于挖掘昆曲背后的社会价值。

就这样，赵津羽把古老的昆曲艺术融入了生活的方方面面——昆曲和瑜伽、太极有相同之处，静可养神，动可养心，赵津羽自编了一套共四节的昆韵手指操，在老年人和少儿群体中推广开来；她还把昆曲与海派旗袍文化联系起来，闺门旦练习的行走坐立的风姿可以展现旗袍着装之美，这样更加强了女性对昆曲的兴趣；而昆曲跟家教的结合更是深得人心，昆曲剧目中有相关曲目弘扬了忠孝仁义礼智信等优秀品格，家长可以引导孩子共同学习，耳濡目染。

《昆曲丽人行》《闺门旦与旗袍》《从昆曲谈家教》……赵津羽的昆曲讲座，

每个题目都颇具生活情趣，这既是她讲座的特色，更是她多年致力于昆曲与生活结合的精髓。

2020 年 12 月，赵津羽出版了昆曲入门读物《我的昆曲 +：津羽讲昆曲》，在书中，除了传授昆曲艺术知识，她更是纪录了自己多年来作为职业推广人倡导和推广的"昆曲 +"的艺术生活理念，将昆曲独特的中国文化之美融入当代人的生活，让更多的人真正受益于古典艺术。

在今天这个时代，传统文化受到了各种舶来文化的冲击，需要加以保护、推广和传承。秉承着对昆曲的热爱和责任感，赵津羽走上了这条孤独的推广之路。在这条路上，她遇到了各种各样的困难，也充满着各种不理解的声音，既没有政府团体的支持，媒体和大众的重视也有限，但赵津羽既没有放弃，也不抱怨，就这样十年如一日坚持走下去。

正如上海非物质文化遗产保护工作专家委员秦来来说的那样："这十多年不说她是单枪匹马，至少也是势单力孤，可是赵津羽带着她团队的几位伙伴坚定地行走在这条路上，像那些'护薪火、传薪火'的昆曲前辈一样，坚定地走着。"

"良辰美景奈何天，赏心乐事谁家院"。昆笛声起，曲韵悠扬，赵津羽说，"昆曲在我风华正茂的时光润我心田、传我美好、塑我精神，我愿意带着这份艺术的纯粹和臻美，一起走进新时代。"

未经许可，不得以任何方式复制或抄袭本书之部分或全部内容。

版权所有，侵权必究。

图书在版编目（CIP）数据

我，无与伦比 / 李欢，童静著. — 北京：电子工业出版社，2021.6
ISBN 978-7-121-41348-3

Ⅰ. ①我… Ⅱ. ①李… ②童… Ⅲ. ①女性－成功心理－通俗读物 Ⅳ.
①B848.4-49

中国版本图书馆CIP数据核字（2021）第111362号

责任编辑：马洪涛
文字编辑：白　兰
印　　刷：中国电影出版社印刷厂
装　　订：中国电影出版社印刷厂
出版发行：电子工业出版社
　　　　　北京市海淀区万寿路173信箱　　邮编：100036
开　　本：880×1230　1/32　印张：8.25　字数：227千字
版　　次：2021年6月第1版
印　　次：2021年6月第1次印刷
定　　价：58.00元

凡所购买电子工业出版社图书有缺损问题，请向购买书店调换。若
书店售缺，请与本社发行部联系，联系及邮购电话：（010）88254888，
88258888。

质量投诉请发邮件至zlts@phei.com.cn，盗版侵权举报请发邮件至
dbqq@phei.com.cn。

本书咨询联系方式：bailan@phei.com.cn，（010）68250802。